青年拔尖人才

TOP YOUNG TALENT

说航空发动机 第一辑

北京航空航天大学科学技术研究院 ◎ 组编

U0279897

人民邮电出版社

北京

图书在版编目（CIP）数据

青年拔尖人才说航空发动机. 第一辑 / 北京航空航
天大学科学技术研究院组编. -- 北京：人民邮电出版社，
2024. 7. -- ISBN 978-7-115-63578-5

Ⅰ. V23

中国国家版本馆 CIP 数据核字第 2024NV1488 号

内 容 提 要

本书基于北京航空航天大学科学技术研究院组织的"零壹"科学沙龙航空发动机专题研讨活动，在 16 篇由青年拔尖人才基于各自取得的阶段性科研成果所做的报告的基础上整理、结集而成。全书主要涵盖了航空发动机技术新进展，新型隐身材料，超临界碳氢燃料，超声速飞行器如何实现可靠电力保障，微型燃气涡轮发动机燃烧室，航空发动机中的燃烧振荡，物质团聚行为，航空发动机防冰系统，航空发动机涡轮叶片冷却技术，航空发动机涡轮叶片冷却效果试验技术研究进展及展望，基于超临界碳氢燃料热沉的航空发动机主动热防护技术，先进固体温度场测试技术，航空发动机噪声及其控制，从失速先兆看高负荷压气机流动失稳触发机制，MEMS 在空天动力推进领域的应用，未来跨速域、长航程、低噪声航空发动机等内容。

本书以通俗的语言介绍航空发动机领域前沿的科学知识，适合广大科技爱好者阅读，也可作为相关专业研究人员的参考书。

◆ 组　　编　北京航空航天大学科学技术研究院
　　责任编辑　刘盛平
　　责任印制　马振武
◆ 人民邮电出版社出版发行　　北京市丰台区成寿寺路 11 号
　　邮编　100164　　电子邮件　315@ptpress.com.cn
　　网址　https://www.ptpress.com.cn
　　北京九州迅驰传媒文化有限公司印刷
◆ 开本：700×1000　1/16
　　印张：17　　　　　　　　　　　2024 年 7 月第 1 版
　　字数：242 千字　　　　　　　　2024 年 7 月北京第 1 次印刷

定价：79.80 元

读者服务热线：(010)81055410　印装质量热线：(010)81055316
反盗版热线：(010)81055315
广告经营许可证：京东市监广登字 20170147 号

寄语

普及科学技术知识、弘扬科学精神、传播科学思想、倡导科学方法，为我国实现高水平科技自立自强贡献力量！

林群
中国科学院院士

仰望星空　放飞梦想
脚踏实地　砥砺奋进

刘大响

刘大响
中国工程院院士

不忘空天报国的初心
牢记空天强国的使命

戚发轫
中国工程院院士

徐惠彬
中国工程院院士

赵沁平

中国工程院院士

使我国科技从跟踪追赶世界科技强国，逐变为与世界科技强国并跑，进而领跑世界科技，是新时代青年科实创新人才的历史际遇和伟大的历史使命。

赵沁平

王华明

中国工程院院士

交叉融合 开拓创新

王华明

房建成

中国科学院院士

服务国家重大需求，勇攀世界科技高峰。

房建成

郑志明

中国科学院院士

在强调基础创新的时代，追求推动现代工程技术重大发展的科学原理，比简单占有和应用科技知识更为可贵。

郑志明

向锦武

中国工程院院士

求是惟真
探索尽前

向锦武

苏东林

中国工程院院士

牢记北航人传统，传承电磁人文化，
报效祖国，服务国防。

苏东林

王自力

中国工程院院士

瞄准科技前沿，肩天我国使命重任，
踔厉奋发，创新争先，笃行不怠，
为祖国高水平科技自立自强和人类
美好一明天而不懈奋斗。

王自力

钱德沛

中国科学院院士

脚踏实地，不断登攀，
把青春岁月献给亲爱的祖国！

钱德沛

赵长禄
北京航空航天大学党委书记

繁荣学术　求真务实
勇于创新　自立自强

赵长禄

王云鹏
北京航空航天大学校长、党委副书记
中国工程院院士

传承北航空天报国精神
为党育人，为国育才
青年城肩负人才使命光荣

丛书编委会 |

本书编委会

主　编：胡殿印

副主编：李海旺　高　轩

编　委（按姓氏笔画排序）：

王　孟	毛建兴	邓文豪	由儒全
付衍琛	朱珈驹	全永凯	刘　松
杜　林	李海旺	邱　天	邱祥海
张荣春	陈胜广	胡鹏飞	夏亚康
徐天彤	高　轩	韩　啸	董苤思
惠　鑫	程泽源	潘天宇	

　　党的十八大以来，习近平总书记对高等教育提出了一系列新论断、新要求，并多次对高等教育、特别是"双一流"高校提出明确要求，重点强调了基础研究和学科交叉融合的重要意义。基础研究是科技创新的源头，是保障民生和攀登科学高峰的基石，高水平研究型大学要发挥基础研究深厚、学科交叉融合的优势，成为基础研究的主力军和重大科技突破的生力军。

　　北京航空航天大学（简称"北航"）作为新中国成立后建立的第一所航空航天高等学府，一直以来，全校上下团结拼搏、锐意进取，紧紧围绕"立德树人"的根本任务，持续培养一流人才，做出一流贡献。学校以国家重大战略需求为先导，强化基础性、前瞻性和战略高技术研究，传承和发扬有组织的科研，在航空动力、关键原材料、核心元器件等领域的研究取得重大突破，多项标志性成果直接应用于国防建设，为推进高水平科技自立自强贡献了北航力量。

　　2016年，北航启动了"青年拔尖人才支持计划"，重点支持在基础研究和应用研究方面取得突出成绩且具有明显创新潜力的青年教师自主选择研究方向、开展创新研究，以促进青年科学技术人才的成长，培养和造就一批有望进入世界科技前沿和国防科技创新领域的优秀学术带头人或学术骨干。

　　为鼓励青年拔尖人才与各合作单位的专家学者围绕前沿科学技术方向及国家战略需求开展"从0到1"的基础研究，促进学科交叉融合，发挥好"催化剂"的作用，联合创新团队攻关"卡脖子"技术，2019年9月，北航科学技术研究院组织开展了"零壹"科学沙龙系列专题研讨活动。每期选定1个前沿科学研究主题，邀请5～10位中青年专家做主题报告，相关领域的研究人员、学生及其他感兴趣的人员均可参与交流讨论。截至2021年11月底，活动已累计开展了38期，共邀请了222位中青年专家进行主题报告，累计吸引了3000余名师生参与。前期活动由北航科学技术研究院针对基础前沿、关键技术、国家重大战略需求选定主题，邀请不同学科的中青年专家做主题报告。后期活动逐渐形成品牌效应，很多中青年专家主动报名策划报告主题，并邀请合作单位共同参与。3年多来，"零壹"科学沙龙已逐渐被打造为学科交叉、学术交流的平台，开放共享、密切合作的平台，转化科研优势、共育人才的平台。

　　将青年拔尖人才基础前沿学术成果、"零壹"科学沙龙部分精彩报告内容结集成书，分辑出版，力图对复杂高深的科学知识进行有针对性和趣味性的讲解，以"宣传成果、正确导向，普及科学、兼容并蓄，立德树人、精神塑造"为目的，可向更多读者，特别是学生、科技爱好者，讲述一线科研工作者的生动故事，为弘扬科学家精神、传播科技文化知识、促进科技创新、提升我国全民科学素质、支撑高水平科技自立自强尽绵薄之力。

北京航空航天大学副校长

2022年12月

　　党的二十大报告强调，"深入实施科教兴国战略、人才强国战略、创新驱动发展战略，开辟发展新领域新赛道，不断塑造发展新动能新优势"。这必然要求完善科技创新体系，坚持创新在我国现代化建设全局中的核心地位，加快实现高水平科技自立自强。在我国大飞机事业的发展中，北航从两次承担大型飞机重大科技专项的论证组织工作，到多个科研团队深度参与，为C919大飞机的设计、研发等解决了多项技术难题，再到持续为大飞机事业培养人才，始终为国产大飞机事业贡献智慧与力量。2017年5月5日，中国商飞C919客机在上海浦东国际机场刺破苍穹、翱翔蓝天，标志着我国拥有了自主知识产权的大飞机。

　　如果说飞机是"现代工业的皇冠"，那么航空发动机就是"现代工业皇冠上的明珠"，是基础科学、关键技术的集大成者。北航航空发动机研究院紧紧围绕我国航空发动机实现自主创新进程中的核心关键，以"校企深度合作、有组织科研"为特色，创新实践"协同决策、融合攻关、互补投入、联合考评、协作育人"五大机制，贯通我国航空发动机从基础研究、应用基础研究到工程应用的科研成果全链条，为实现我国航空发动机的自主发展作出了贡献。

　　本书内容来源于北京航空航天大学科学技术研究院组织的"零壹"科学沙龙航空发动机专题研讨活动的报告。二十余位青年拔尖人才从隐身材料、碳氢燃料、燃烧、叶片冷却等方面介绍了航空发动机发展的现状。希望本书给有志于从事航空发动机相关研究的读者以启迪，更希望本书能够激发普通读者的科学兴趣，增强他们的科学素养。

胡殿印

北京航空航天大学航空发动机研究院常务副院长

2024 年 3 月

目录 CONTENTS

目录 CONTENTS

目录 CONTENTS

目录 CONTENTS

目录 CONTENTS

目录 CONTENTS

目录 CONTENTS

航空发动机技术新进展

北京航空航天大学航空发动机研究院

毛建兴

航空发动机是飞机的"心脏"，其发展水平已成为衡量一个国家科技水平、军事实力和综合国力的重要标志之一[1]。在军用航空发动机领域，目前只有美国、俄罗斯、英国和法国可以独立研制一流水平的发动机，而民用航空发动机的市场门槛更高。没有一流的基础研究就不可能有一流的航空发动机，这已经成为全球工业界、学界的共识。为此，我国做出重大决策，设立"航空发动机和燃气轮机"重大科技专项（即"两机"专项），该专项首次设立基础研究计划，针对未来的颠覆性技术和产品涉及的基础前沿问题开展研究，以期实现我国航空发动机从跟跑、并跑到领跑的战略转变。

图 1 和图 2 分别展示了军、民用航空发动机的发展历程和发展趋势。其中，基础前沿问题的突破是牵引航空发动机跨代发展的重要前提。军用航空发动机由涡喷、涡扇等单一循环模式向变循环的跨越是基于压气机内流的气动稳定性、高速流动燃烧控制与稳定性等技术的突破；民用航空发动机从传统吊装方式到分布式推进的跨越则是以解决压缩系统抽吸附面层的气动稳定性问题及突破飞发一体化设计方法为基础。

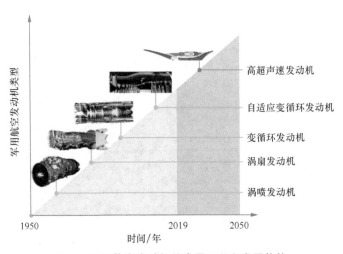

图 1　军用航空发动机的发展历程和发展趋势

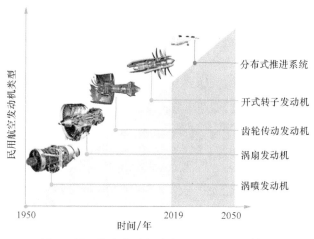

图 2　民用航空发动机的发展历程和发展趋势

本文将聚焦近年来航空发动机技术最新研究进展，从新型航空发动机总体布局、航空发动机高性能部件设计和航空发动机服役寿命管理 3 个层面对部分关键技术进行介绍，旨在增进读者对航空发动机技术现状与趋势的了解，为创新驱动发展战略的有效实施提供参考。

新型航空发动机总体布局

"更高推重比、更低耗油率"历来是高性能航空发动机设计追求的核心指标。不同类型的飞行器对飞行高度、速度以及使用要求不同，例如，民用飞机的低噪声、低污染要求，军用飞机的多工况适用性要求，导弹的超高速飞行要求。为此，航空发动机总体布局设计应结合装机对象特点开展。在新型航空发动机总体布局方面，本文重点对民用航空发动机中的分布式推进系统（低飞行速度）、军用航空发动机中的自适应变循环发动机（中高飞行速度）以及无翼飞行器中的高超声速发动机（超高飞行速度）进行介绍。

1. 分布式推进系统

随着商用航空运输业迅速发展，高频次客运、货运飞行导致的环境问题越发受到重视，下一代商用飞机在燃油消耗、噪声控制、污染排放等方面应满足更高的指标要求。美国国家航空航天局（National Aeronautics and Space Administration，NASA）于 2008 年提出了亚声速客机的发展目标，按照 2015 年（N+1）、2020 年（N+2）和 2030 年（N+3)3 个阶段逐步实施。其中，"N" 为波音 B737NG 飞机和 CFM56 发动机代表的技术水平。相比于波音 B737NG 飞机和 CFM56 发动机，NASA 亚声速客机各阶段的具体性能指标如表 1 所示 [2]。

表 1　NASA 亚声速客机各阶段的具体性能指标

发展阶段	N+1	N+2	N+3
噪声 /dB	-32	-42	-71
NO_x 排放 /%	-60	-75	< -80
耗油率 /%	-33	-50	< -70

为实现上述指标，NASA 提出采用一种翼身融合布局的分布式推进系统。该系统以大功率涡轴发动机为动力源，通过传动系统将动力分配至多个位于飞机背部的风扇单元，如图 3 所示。风扇数量的增加降低了单个风扇的直径，增加了风扇转速的提升空间，使分布式推进系统的等效涵道比相比于传统涡扇发动机有了大幅提升，从而具有更低的耗油率；分布式推进系统将风扇置于飞机背部，结合翼身融合的飞机构型，能够实现对噪声来源的有效遮挡，从而达到静音效果；采用液氢等替代燃料，并结合先进的燃烧室设计技术，可有效降低燃烧室的 NO_x 排放量。

分布式推进系统的关键技术可归纳为：

① 考虑抽吸附面层影响的风扇气动稳定性设计；

② 研制轻质、高效的多风扇功率传输系统；

③ 风扇单元承力结构设计及轻量化研究；

④ 大功率涡轴发动机低污染排放控制技术。

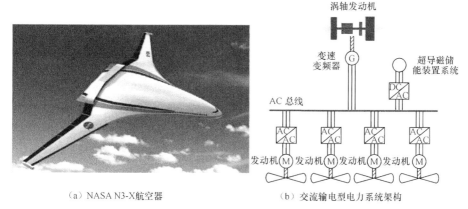

（a）NASA N3-X航空器 　　　　　　（b）交流输电型电力系统架构

图 3　分布式推进系统核心技术

2. 自适应变循环发动机

为适应新型战机的多用途需求，发动机设计面临飞行包线更广、载荷环境多变等挑战。美国国防部通过启动自适应多用途发动机技术（ADVENT）计划及自适应发动机技术发展（AETD）计划，研制可用于下一代军用飞机的自适应变循环发动机。20世纪60年代，美国率先开始变循环发动机的概念设计，并于20世纪80年代制成技术验证机（通用电气公司的YJ101型发动机），然后继续向自适应功能延伸。英国罗尔斯-罗伊斯公司曾在2018年新加坡航展上首先提出"智能发动机"愿景，在该背景下研制的UltraFan发动机已取得显著进展，完成了全功率运行测试：多级中压涡轮发动机的空气动力学测试已经完成，验证了功能特征和设计方法，该发动机的研制结合了最新的数字化设计和生产技术，并于2023年启动了地面测试。

自适应变循环发动机最初的设计理念：通过涵道调节机构调整发动机涵道面积（见图4），改变涵道比以适应不同飞行状态的动力需求。自适应变循环发动机的主动控制系统和健康管理系统能够依靠传感器数据和专家模型全面了解发动机和部件的工作环境与状态，并依据这些信息调整或修改发动机的工作状态，实现对发动机性能和状态的主动管理和自我管理，同时根据环境因素平衡任务要求，提高发动机可操纵性和可靠性，延长发动机寿命，降低发动机的使用与维修成本，最终改善发动机的耐久性与经济可承受性。

自适应变循环发动机的关键技术可归纳为：

① 适用于全飞行剖面的自适应变循环发动机稳态性能设计；

② 低质量、高功能可靠性的发动机涵道调节机构设计；

③ 涵道调节对自适应变循环发动机过渡态性能的影响研究；

④ 自适应变循环发动机状态感知与闭环控制技术。

图 4　自适应变循环发动机结构剖面

3. 高超声速发动机

高超声速飞行器是指飞行马赫数超过 5 的有翼或无翼飞行器。2019年，美国空军授予国防承包商洛克希德·马丁公司一项价值 9.28 亿美元的合同，以开发一种飞行马赫数超过 5 的武器，旨在以极快的速度打击敌人防御系统，并提供攻击时间敏感目标的能力。目前，美国已拥有 X-43A、X-51A 和 X-1 等多款高超声速武器，并在美国国防部高级研究计划局（DARPA）的牵引下，开展滑翔高超声速武器和吸气式高超声速武器的研制。根据俄罗斯 2018—2027 年国家武器计划，苏 -57 隐身战斗机将装备一款名为"匕首"的空射型高超声速导弹，该导弹可以安装在战斗机上进行空射，飞行马赫数高达 10，能够在飞行弹道全程进行机动，突防所有现役的防空反导系统，可携带核或常规战斗部打击 2000 km 远的目标。

　　高超声速飞行器的动力实现包含两个基本途径：① 利用火箭助推器；② 利用超燃冲压发动机。高超声速飞行器在火箭助推器的助推下，飞行至大气层外，与火箭助推器分离后，飞行器依据自身气动外形进行远距离机动滑翔 [见图 5(a)]，其主要应用背景是战略级导弹。超燃冲压发动机是指燃料能够在超声速气流中进行燃烧的一类冲压发动机，是保证飞行器进行高超声速飞行的关键；与传统涡扇发动机通过风扇和压缩机对空气进行压缩不同，超燃冲压发动机去掉了风扇和压缩机，通过机身机构和发动机涵道截面积的变化来改变气流速度，将压缩气流导入燃烧室进行燃烧后膨胀做功 [见图 5(b)]。

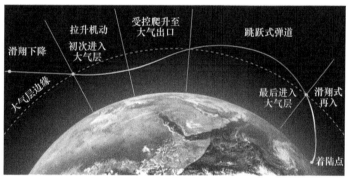

（a）利用火箭助推器助推高超声速飞行器的运行轨迹

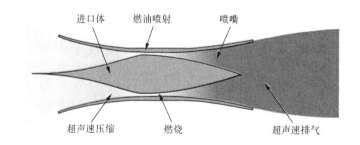

（b）超燃冲压发动机工作情况

图 5　高超声速飞行器的动力实现

高超声速发动机的关键技术可归纳为：

① 高超声速气流中，超燃冲压发动机的启动及超声速气流的燃烧技术；

② 强气动加热下飞行器的热防护技术；

③ 强非线性、快时变、强耦合下的制导和控制技术。

航空发动机高性能部件设计

1. 变工况内流气动稳定性设计

航空发动机的气动稳定性是指从气体动力学角度出发，不考虑航空发动机的结构及强度等因素，在被干扰情况下保持稳态工作状态的能力。如果航空发动机在干扰的作用下没有出现旋转失速或喘振等失稳现象，并且在干扰消失后能够回到稳态工作状态，那么认为航空发动机在该状态下是气动稳定的；反之则认为航空发动机在该状态下是气动不稳定的 [3]。变工况内流气动稳定性设计的相关研究进展如表 2 所示。

表 2　变工况内流气动稳定性设计的相关研究进展

时间	研究计划	研究进展
2003 年	美国通用电气公司革新性涡轮加速器计划（RTA）[4]	串联的涡轮 / 亚燃冲压的变循环发动机多模式气动稳定性设计
2007 年	自适应多用途发动机技术（ADVENT）计划 [5]	基于可控压比技术进一步研究中间加力风扇在循环模式转化时的稳定性问题

现有的理论和试验研究结果以及航空发动机使用过程中发生的事故均表明，当航空发动机进入旋转失速或喘振等不稳定工作状态时，发动机的性能指标会降低（如推力的减小和耗油率的升高）；压缩部件的转子叶片会产生强迫振动，增大振动应力；涡轮的热负荷和热应力会增大；燃烧室的稳定工作范围会缩小；发动机结构的完整性会被破坏，严重威胁飞行安全。变工况内流气动稳定性设计的难点与问题及关键技术如图 6 所示。

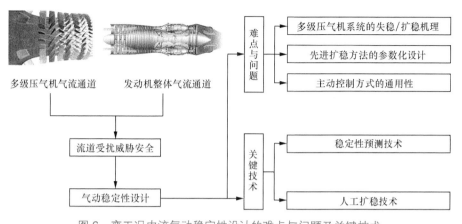

多级压气机气流通道　　发动机整体气流通道

流道受扰威胁安全

气动稳定性设计

难点与问题
- 多级压气机系统的失稳/扩稳机理
- 先进扩稳方法的参数化设计
- 主动控制方式的通用性

关键技术
- 稳定性预测技术
- 人工扩稳技术

图 6　变工况内流气动稳定性设计的难点与问题及关键技术

2. 低排放燃烧室及燃烧稳定性控制

航空发动机是飞行器的动力装置，在安全可靠工作的前提下，也对其提出了绿色环保的要求。从航空发动机燃烧方面考虑，绿色环保的要求涉及两个方面：燃烧效率高和污染排放量低。目前，低排放燃烧室主要研究路线有 3 种：富油 - 快速淬熄 - 贫油燃烧路线、贫油预混预蒸发燃烧路线和贫油直喷燃烧路线。低排放燃烧室及燃烧稳定性控制的相关研究进展如表 3 所示。

表 3　低排放燃烧室及燃烧稳定性控制的相关研究进展

时间	研究计划 / 单位	研究进展
20 世纪 80 年代	多用途、经济可承受的先进涡轮发动机（VAATE）计划[6]、先进核心军用发动机（ACME）计划	研究和验证了一批先进技术，有些技术已经用于现役发动机的改进改型和新研发动机，如 F110、F100、F414 和 F119。驻涡燃烧组织技术以及多斜孔气膜冷却火焰筒、浮动壁火焰筒、多孔层板火焰筒、复合材料火焰筒等冷却技术得到不断发展
2012 年	NASA	研制了 MP-LDI 燃烧室，NO_x 的排放量比 2008 年国际民航组织（ICAO）CAEP6 标准降低了 75%，满足了 NASA 航空环境保护项目的要求
2013 年	美国通用电气公司[7]	正在开展 eCore 核心机验证机的研究，包括采用先进材料的 10 级高压比高压压气机技术、最新双环腔预混旋流（TAPS）燃烧室、采用先进材料和冷却设计的高压涡轮以及新型短舱等

在航空燃气涡轮发动机主燃烧室内，燃烧区的平均空气流速为 20 m/s，

相当于台风和飓风量级，而加力燃烧室燃烧区的平均空气流速为 100 m/s，相当于有记录的最快龙卷风。对于冲压发动机燃烧室，亚燃冲压的平均空气流速为 100 m/s，而超燃冲压的平均空气流速为 1000 m/s 量级。因此，如何稳定、高效、可靠地组织好和控制好燃烧室中的高速流动燃烧，成为航空发动机研制的主要难题[8-9]。低排放燃烧室及燃烧稳定性控制的难点与问题及关键技术如图 7 所示。

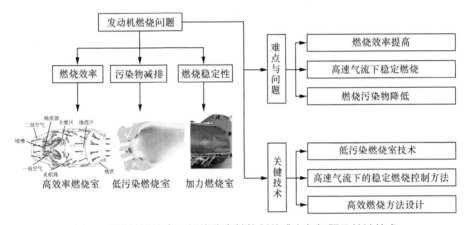

图 7　低排放燃烧室及燃烧稳定性控制的难点与问题及关键技术

3. 流动换热瞬态特征及综合热管理

航空发动机的热端部件长期工作在高温环境中，其冷却问题是影响航空发动机安全性的突出问题。热端部件的冷却通过航空发动机的空气系统实现，其中值得注意的是，在航空发动机工作状态的过渡过程中，空气系统往往呈现复杂多变的瞬时压力分布，影响热端部件的密封性和冷却品质，甚至诱发高温燃气倒灌，从而给航空发动机带来严重损伤。这种空气系统在过渡过程中展现的压力、流量等参数的瞬时变化特征称为流动换热瞬态特征。为了保证航空发动机在过渡过程中的安全性，需要对流动换热瞬态特征开展充分研究。与此同时，为了充分将燃料的化学能转化成机械能，将增压比、涡轮进口温度（也称涡轮前温度）提升带来的航空发动机性能提高最大化，需要充分考虑能量的综合利用。综合热管理通过主动分配子系统、部件的能量，实现航空发动机能量的综合管理，使航空发动机在各种飞行状态下都能工作在最佳状态。流动换热瞬态特征及综合热管理的相关研究进展如表 4 所示。

表 4　流动换热瞬态特征及综合热管理的相关研究进展

时间	研究计划	研究进展
20 世纪 80 年代末	数值推进系统仿真（NPSS）计划 [10]	通过先进的计算机仿真方法对航空发动机主流空气系统进行精确模拟
1998 年	燃气涡轮内部冷却空气研究（ICASGT）计划 [11]	对 5 个独立的空气系统开展研究，获取基础数据用以验证瞬态特征方法
20 世纪 80 年代末	综合高性能涡轮发动机技术（IHPTET）计划 [12]，多用途、经济可承受的先进涡轮发动机（VAATE）计划 [6]	论证了航空发动机综合热管理技术的必要性，并开发了先进军用航空发动机综合热管理技术
21 世纪以后	支持经济可承受任务能力的先进涡轮发动机技术（ATTAM）计划	首次纳入了完整的综合能量与热管理要素的研究

流动换热瞬态特征及综合热管理的难点与问题及关键技术如图 8 所示。

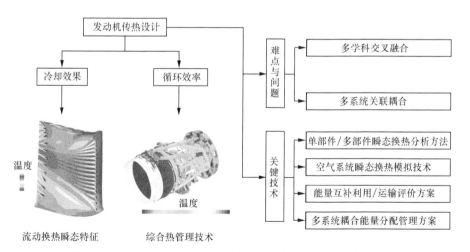

图 8　流动换热瞬态特征及综合热管理的难点与问题及关键技术

航空发动机技术新进展

4. 承力部件材料 – 结构 – 工艺一体化设计

航空发动机中的承力部件指转子与定子中承受载荷的机构。其中，尤其以在高温环境下工作的叶盘的服役条件最为恶劣，其长期处于高温、高压、高载及高转速的工作条件下，容易发生疲劳破坏。叶盘结构一旦被破坏，往往会带来灾难性的后果。因此，承力部件疲劳寿命问题已经成为制约先进航空发动机研发的瓶颈。承力部件的疲劳寿命与材料、结构、工艺等问题密切相关。以往的研究更多地关注如何预测承力部件的寿命。但是，随着航空发动机设计水平的提升，迫切需要发展一种在设计阶段就以疲劳寿命为依据，确定材料、结构、工艺设计方案的技术，也就是材料 - 结构 - 工艺一体化设计技术。承力部件材料 - 结构 - 工艺一体化设计的相关研究进展如表 5 所示。

表 5　承力部件材料 - 结构 - 工艺一体化设计的相关研究进展

时间	研究计划	研究进展
20 世纪80 年代末	综合高性能涡轮发动机技术（IHPTET）计划 [9]	该计划促使美国各大航空发动机上市公司开始采用概率设计系统处理材料性能、尺寸公差等设计输入条件的不确定性，从而开展部件的概率设计
20 世纪90 年代	涡轮转子材料设计（TRMD）计划 [13-14]	对合金材料铸造锻造、加工过程中产生的缺陷进行研究，将其作为部件概率设计的依据

承力部件材料 - 结构 - 工艺一体化设计的难点与问题及关键技术如图9所示。

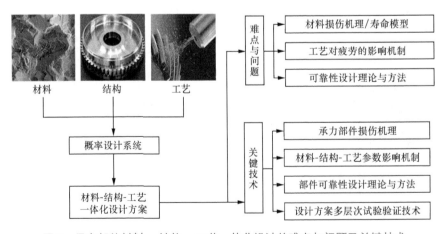

图 9　承力部件材料 – 结构 – 工艺一体化设计的难点与问题及关键技术

航空发动机服役寿命管理

1. 航空发动机健康管理

航空发动机技术的发展、性能的提升、结构的复杂化，对其可靠性和维修性提出了更高的要求。然而，不论航空发动机的设计、材料和制造工艺多先进，运营、维修的管理水平多高都不能保证航空发动机在使用中不出现故障。因此，用户对航空发动机的提供方提出了健康管理的需求。航空发动机健康管理的研究最早由美国在 20 世纪 60 年代末开展，主要利用航空发动机不同的数据资源，对航空发动机的故障进行诊断、健康状态进行预报，从而提高航空发动机的使用效率，降低航空发动机的维护费用和减少维修时间 [15-17]。航空发动机健康管理的相关研究进展如表 6 所示。

航空发动机技术新进展

表 6　航空发动机健康管理的相关研究进展

时间	研究计划	研究进展
20 世纪 80 年代末	多用途、经济可承受的先进涡轮发动机（VAATE）计划 [6]	开展健康管理方法与技术的研究，强调监测技术的在线化、实时化和集成化
2004 年	新维修概念的技术与工艺（TATEM）[18]	致力于提高飞机运营能力，降低维修相关成本，提高使用可靠性和飞机可用性，研究新的维修决策方法

航空发动机健康管理的难点与问题及关键技术如图 10 所示。

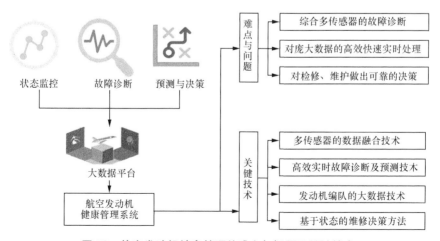

图 10　航空发动机健康管理的难点与问题及关键技术

2. 数字孪生虚拟航空发动机

数字孪生通过数字化方式构建物理实体与其虚拟模型之间的关联，在数字环境中借助数据模型与物理实体之间的数据交互，通过融合分析及决策迭代优化，实现面向产品全生命周期过程的模型、数据、智能技术的集成，支持产品研发、生产及业务管理过程科学、可靠、有效的分析和决策，达成更为准确的企业生产运营指标。数字孪生虚拟航空发动机的相关研究进展如表7所示。

表7　数字孪生虚拟航空发动机的相关研究进展

时间	单位	进展
2003 年	密歇根大学 [19]	在产品生命周期管理课程上被首次引入
2011 年	美国空军研究实验室（AFRL）[20]	应用于飞机机体的结构寿命预测中，并提出一种数字孪生机体概念
2015 年	美国通用电气公司	采用或拟采用数字孪生技术进行预测性维修
2015 年	洛克希德·马丁公司	通过数字孪生技术大大提升了 F-35 飞机制造和装配的自动化程度
2015 年	西门子公司 [21]	构建整合制造流程的生产系统模型，实现从产品设计到制造执行的全过程数字化
2015 年	参数技术公司 [22]	将数字孪生与 ThinkWorx 工业物联网平台的预测性维修功能相结合
2016 年	达索公司 [23]	建立了基于数字孪生的三维体验平台

数字孪生虚拟航空发动机的难点与问题及关键技术如图 11 所示。

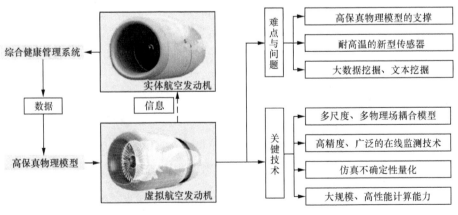

图 11　数字孪生虚拟航空发动机的难点与问题及关键技术

结语

　　航空发动机技术的未来发展将瞄准智能化、高速化，并更加注重经济可承受性、能量利用率等指标要求，通过飞机 - 航空发动机协同设计，结合先进数值仿真及新材料、新工艺的有效应用，全面牵引航空工业体系的布局重构与技术革新。

　　力，形之所以奋也。广大科技工作者要矢志不移地坚持自主创新，坚定信心，全面增强关键技术的攻关能力。航空发动机技术的国防价值与经济价值，需要材料、制造、能源、信息等多个领域的协同发展。因此，加强新兴前沿交叉领域部署，建立合理、健全的科研管理及评价体系，尊重科技人才创新自主权，大力营造勇于创新、鼓励成功、宽容失败的社会氛围，是有效支撑我国高新技术发展的重要保障。

参考文献

[1]　高玉龙. 航空发动机发展简述及趋势探索[J]. 现代制造技术与装备. 2018(260): 222-224.

[2]　BRADLEY M K, DRONEY C K. Subsonic ultra green aircraft research: phase I final report[R]. Hampton, VA: NASA Langley Research Center, 2011.

[3]　孙晓峰, 孙大坤. 失速先兆抑制型机匣处理研究进展[J]. 航空学报, 2015, 36(8): 2529-2543.

[4]　BARTOLOTTA P A, SHAFER D G. High speed turbines: Development of a turbine accelerator(RTA)for space access[C]//12th AIAA International Space Planes and Hypersonic Systems and Technologies. Reston, VA: AIAA, 2003.

[5]　聂友伟, 李秋红, 王元, 等. 基于SQCQP 算法的变循环发动机性能寻

优控制[J]. 北京航空航天大学学报, 2017(12): 2564-2572.

[6] AIAA Air Breathing Propulsion Technical Committee. The versatile affordable advanced turbine engines (VAATE) initiative[J]. AIAA Position Paper, 2006.

[7] 依然. CFM完成eCore核心机验证机项目组装首台LEAP发动机准备测试[J]. 航空制造技术, 2013(14): 22.

[8] LEFEBVRE A H, BALLAL D R. Gas turbine combustion-alternative fuels and emissions[M]. 3rd ed. Boca Raton: CRC Press, 2010.

[9] 黄勇, 林宇震, 樊未军, 等. 燃烧与燃烧室[M]. 北京: 北京航空航天大学出版社, 2009.

[10] LYTLE J K. The numerical propulsion system simulation: an overview[R]. NASA Center for AeroSpace Information, 2000.

[11] GOLDSZTEJN M. Next generation european air system[C]// 2000 World Aviation Conference. Reston. VA: AIAA, 2000. DOI: 10.4271/2000-01-5503.

[12] VIARS P R. The impact of IHPTET on the engine/aircraft system integrated high performance turbine engine technology[R]. AIAA-89-2137.

[13] CHANG K M, HENRY M F, BENZ M G. Metallurgical control of fatigue crack propagation in superalloys[J]. International Journal of Fatigue, 1990, 42(12): 29-35.

[14] WU Y T, MILLWATER H R, CRUSE T A. Advanced probabilistic structural analysis method for implicit performance functions[J]. AIAA Journal, 1990, 28(9): 1663-1669.

[15] 王伟生, 肖金彪. 航空发动机健康管理系统及其标准分析[J]. 航空动力学报, 2019(1): 68-70.

[16] 高玉龙. 航空发动机发展简述及趋势探索[J]. 现代制造技术与装备, 2018(260): 222-224.

[17] 王兆兵, 高丽敏. 大数据时代的民机健康管理技术革新[J]. 航空维修 与工程, 2018(5): 20-25.

[18] HOLTZ C, SMITH G, FRIEND R. Modernizing systems through data integration-A vision for EHM in the United States Air Force [C]//40th AIAA/ASME/SAE/ASEE Joint Propulsion Conference and Exhibit. VA: AIAA, 2004. DOI: 10.2514/6.2004-4049.

[19] GRIEVES M. Digital twin: manufacturing excellence through virtual factory replication[EB/OL].(2014-05-06).

[20] TUEGEL E J, INGRAFEA A R, EASON T G, et al. Reengineering aircraft structural life prediction using a digital twin[J]. International Journal of Aerospace Engineering, 2011. DOI:10.1155/2011/154798.

[21] SIEMENS. The digital twin[EB/OL].(2015-11-17).

[22] PARDO N. Digital and physical come together at PTC live global [EB/OL]. (2015-06-08).

[23] FOURGEAU E, GOMEZ E, ADLI H, et al. System engineering workbench for multi-views systems methodology with 3DEXPERIENCE Platform. the aircraft radar use case[M]. Berlin, Germany: Springer International Publishing, 2016.

航空发动机技术新进展

毛建兴，北京航空航天大学航空发动机研究院副研究员。研究领域：航空发动机结构强度可靠性、疲劳断裂多尺度模拟方法、航空发动机健康管理等。围绕航空发动机结构强度可靠性领域，建立了基于滑动转移机制的疲劳短裂纹扩展多尺度模型，发展了单因子、多因子概率化疲劳长裂纹扩展概率模型，形成了兼顾精度、效率的涡轮盘概率损伤容限评估方法。近年共发表 SCI 论文 6 篇，EI 论文 2 篇，授权国家发明专利 7 项，研究成果应用于部分军、民用航空发动机研制。

破密"隐身术"
——新型隐身材料

北京航空航天大学航空发动机研究院

胡鹏飞

从古至今，许多书籍里都能见到"隐身术"这门绝技的身影。司马迁在《史记·封禅书》中写道，"为方仙道，形解销化"，其中的"形解销化"就是一种隐身术；《晋书》中记录了画家顾恺之"引叶自蔽"的"隐身"趣事；《哈利·波特》中的"隐身衣"令诸多读者心驰神往。其实，"隐身术"不仅是一种美好的想象，自然界中也早已提供了"隐身术"的案例，很多昆虫使自己的颜色和背景融合，达到了保护自身的目的。

隐身技术又称目标特征信号控制技术，是通过控制装备或者人体的信号特征，使其难以被发现、识别和跟踪打击的技术，是未来信息化战争中实现信息获取与反获取、夺取战争主动权的重要手段，也是决定战争胜负的重要因素。隐身技术可以分为雷达隐身、红外隐身、可见光隐身、声波隐身和激光隐身等。隐身技术的实现通常需要综合应用隐身外形技术、隐身材料技术、无源干扰技术和有源干扰技术。其中，隐身材料技术是具有长期有效性和行之有效性的隐身手段，是实现高性能隐身的关键[1-2]。

什么是隐身材料

隐身材料是实现隐身技术的物质基础，按频谱不同可分为雷达、红外、声波、可见光等隐身材料，按照用途不同可分为隐身结构材料和隐身涂层材料。

随着雷达探测技术的不断发展，雷达隐身材料已成为最重要的隐身材料之一，也被称为吸波材料。吸波材料的工作原理：吸纳电磁波进入材料内部，将电磁波能量转换为热能、电能等其他形式的能量并损耗掉，从而实现回波的减弱或消散，降低目标被雷达检测到的概率。实现高效的雷达波吸收需要两个关键条件：一是吸波材料具有良好的透波性，也就是电磁波必须能够最大限度地进入材料内部而不是在材料表面发生反射；二是吸波材料能够有效地将进入体相的电磁波耗散掉，即具有良好的衰减特性。以上两个条件对吸波材料的介电常数和磁导率提出了要求，须通过对材料的微观组成和结构进行调控，以实现吸波性能的提升。雷达波从本质上说是振荡电场和振荡磁场交互的一种电磁波，其损耗机理主要也分为介电损耗和磁损耗，以及二者的协同作用。目前，常见的吸波材料主要有铁氧体、磁性金属、碳材料、导电高聚物等[3-6]。近年来，随着纳米科技的发展，纳米吸波材料因其独特的小尺寸效应、表面效应、量子限域效应等特性受到广泛的关注，科学家通过对其形貌和结构进行调控，实现了弛豫、涡流损耗、自然共振等特性的精准调节，从而有效提升了其吸波性能。目前，常见的纳米吸波材料有碳化物、氧化物、氮化物、聚合物等，如图1所示[7]。

图1 纳米吸波材料

红外光（波长为0.76～1000 μm）同样也是一种电磁波，一切绝对零度以上的物体都在向外发射红外光。图2所示为部分自然界和人类社会的红外现象和红外技术，如响尾蛇可以感知红外辐射，在黑夜中捕食猎物；撒哈拉银蚁可以调整自身的红外发射率和反射率，使其在高达70℃的撒哈拉沙漠中生存；蝴蝶翅膀中规整的光子晶体结构有效增强了其对红外光的吸收[8]。当然，人类也发展了多种多样的红外技术，例如利用红外辐射测量系统检测地球和大气之间的热量传输预测天气，利用红外探测技术进行体温测量和医学诊断等。随着红外探测技术的不断发展，红外隐身成为飞行器隐身技术的重要课题。飞行器的红外辐射主要包含 3 ～ 5 μm 和 8 ～ 14 μm 两个波段，主要集中在航空发动机尾喷口、排气系统腔体和蒙皮等部位。其中，航空发动机尾喷口处的排气（尾喷流）温度可高达 2000 K 以上，目前还未有行之有效的红外隐身解决方案。排气系统的隐身技术涉及改变尾喷口出口形式和内部结构、喷管冷却以及采用低红外发射率材料等方面，然而大宽高比二维喷管以及排气导流片的使用会引起航空发动机推力的损失，势必影响整个飞行器的机动性能。因此，研发红外隐身材料至关重要。根据基尔霍夫热辐射定律可知，在同样的温度下，各种不同物体对相同波长的单色辐射出射度与单色吸收比相等，因而低红外发射率材料是红外隐身材料的首选。目前，红外隐身材料的研究主要集中在金属材料（如 Ag、Zn、Sn 等）和半导体材料（SnO$_2$ 和 ZnO 等）[9-11]。

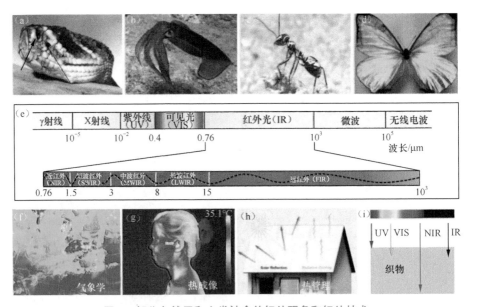

图 2　部分自然界和人类社会的红外现象和红外技术

与雷达隐身和红外隐身相比，可见光隐身是人类最早涉足的领域。在《水浒传》中，时迁选择"初一夜半""夜黑风高"之时，穿上一身黑衣执行任务，可认为是早期的可见光隐身技术。可见光是波长在 0.4 ～ 0.76 μm

的电磁波，传统的可见光隐身主要通过减少目标的可视外形、涂覆迷彩涂料等手段，降低或消除目标与背景之间的可视化差异，该种策略仅在目标静止或者在缓慢移动时才有较好的效果，且仅适用于颜色单一的场景。正因如此，基于可见光隐身的智能隐身材料（如光致变色材料和电致变色材料等）受到了广泛的关注。光致变色材料指的是隐身材料分子结构可以在不同强度或波长的光刺激下发生改变，引发分子能级的变化，实现光谱吸收的可调与材料颜色的变化；电致变色材料指的是在不同电流或电压作用下，材料分子结构会发生变化的一类物质，如氧化钨、聚噻吩、聚乙烯等，其主要优势在于可通过计算机控制其电流实现智能化 [12-13]。

纳米隐身材料

纳米材料是至少有一个维度的尺寸小于 100 nm 的材料，与体相材料相比，纳米材料表现出多种令人兴奋的特性。纳米材料表面原子数随着粒径的减小而急剧增加，表面能和表面张力也随之增加，比表面积增大，作为吸波材料时会产生显著强于块体材料的多重反射、介电损耗和磁损耗效应，可有效增强吸波效能（表面效应）（见图 3）[14]；纳米复合材料易于构建导电网络，且具有丰富的界面和缺陷，可有效增强介电损耗和弛豫时间；此外，当半导体或者金属纳米粒子粒径小于特定尺寸时，金属费米能级附近的电子能级由准连续变为分裂能级，半导体最高被占据分子轨道（HOMO）和最低未被占据分子轨道（LUMO）变为不连续，能隙变宽，且正好处于 $10^{-5} \sim 10^{-2}$ eV 的微波能量范围内，产生了多种新的微波损耗机制（量子尺寸效应）；当纳米粒子尺寸与光波波长、德布罗意波长、声子平均自由程、磁场穿透深度等相当或更小时，晶体周围的边界条件会被破坏，导致其表现出异常的物理化学特性，尤其是磁性纳米粒子，随着其粒径缩小至接近临界尺寸时，其磁矫顽力可增大至块体材料的数百倍，因而可极大地增强磁滞损耗效应，加剧热能转换，增强吸波效能（小尺寸效应）；合理选择铁磁性和反铁磁纳米材料进行复合，可对自然共振和交换谐振进行调控。结合特定金属或者半导体材料的本征结构特点，对其微观形貌、结构和组成进行精准的调节，可以实现厚度薄、质量轻、吸收频带宽的高性能纳米吸波材料的可控制备[15]。

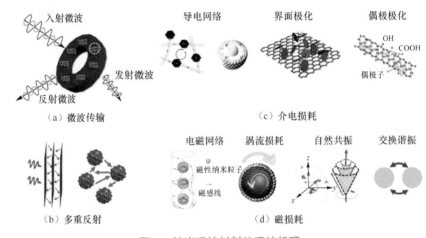

图 3　纳米吸波材料的吸波机理

北京航空航天大学王广胜教授课题组在纳米隐身材料方面开展了系统的研究工作，发展了多种具有吸波特性的微纳米材料可控制备方法，通过深入探究维度、组分与介磁特性的内在关系，揭示了介电极化弛豫、缺陷极化弛豫等微波损耗策略，研制出一系列高性能、轻质、宽频纳米吸波材料。例如，设计制备了不同稀土氧化物 / 石墨相氮化碳复合材料，有效调节了介磁参数，实现了介磁匹配和宽频吸收[16]；结合简单的水热法制备出由纳米片组成的一维空心 $Co_{1-x}S$ 微球（其平均尺寸为 300 ～ 500 nm），并与柔性高分子材料聚偏氟乙烯（PVDF）复合，当空心球填充量质量分数仅为 3% 时，复合材料表现出优异的吸波性能，最低反射损耗在 13.92 GHz 下能够达到 -46.1 dB（反射损耗小于 -10 dB，相当于电磁波入射到材料表面后，99.99% 的电磁波都能被材料所吸收），其有效频带宽度达到 5.6 GHz，可覆盖整个测量带宽的 35%[17]。

新型隐身材料

现代军事战争是一种"发现即摧毁"的电子信息化的战争，侦察与反侦察是决定战争胜负的关键。随着雷达探测水平的提升，现代航空武器装备对多频谱隐身技术尤其是高温服役条件下的红外/雷达兼容隐身提出了非常高的要求，给现有的隐身材料带来了严峻的挑战。现有红外和雷达兼容隐身装备的功能是通过多涂层技术机械组装实现的，各层作用单一，无法实现高效兼容；多层隐身结构设计所涉及的材料参数和结构参数众多，优化过程复杂；较大的面密度增加了载荷负担，严重制约了其使用的可靠性、服役稳定性、耐候性，并极大增加了维护成本；材料和结构的设计通常分割开来，难以最大限度地实现微观结构的适配和宏观效能的协同。因此，多频谱隐身材料是现代航空武器装备防护和隐身设计的关键技术之一。

然而，红外和雷达两个波段的隐身对材料电磁特性的要求在本质上是相互制约的。雷达隐身的吸波材料要求在一定频率范围内对电磁波有强吸收、低反射特性；红外隐身材料则要求在红外波段具有高反射、低发射特性。纳米隐身材料由于其独特的小尺寸效应、量子隧穿效应等特性，表现出了优异隐身性能。其高比表面积、强界面极化、分裂的电子能级可实现对雷达波的高透过和强吸收，小尺寸及可调的载流子浓度等可实现对红外波的高反射和低发射，是有望从材料角度解决红外/雷达兼容隐身难题的技术途径之一。

北京航空航天大学于荣海教授课题组成功制备了图 4 所示的碳纳米管/聚丙烯腈/Fe_3O_4/苯并噁嗪纳米复合气凝胶，在碳纳米管网络电损耗、多相异质界面极化损耗、Fe_3O_4 纳米颗粒磁损耗、气凝胶多孔结构多重散射的协同作用下，实现了反射损耗高达 -59.85 dB 的微波强吸收，多孔结构同时带来了优异的隔热性能，实现了红外/雷达兼容隐身[18]。北京交通大学张如炳教授通过拓扑优化设计，设计制备了基于 SiO_2 纳米纤维、石墨、碳纳米颗粒的超结构复合材料，具有优异的机械性能和耐高温性能，同时拓扑图案实现了阻抗匹配，在 1000 ℃的高温下，复合材料的最大反射损

耗高达 –23.2 dB，有效频带宽度达到 3.1 GHz，层骨架的多孔结构和微观尺度使得超结构复合材料表现出优异的红外隐身性，可以有效降低辐射温度，为严苛环境下红外 / 雷达兼容隐身提供了理论和试验借鉴[19]。

图 4 纳米复合气凝胶的红外 / 雷达兼容隐身

伴随着智能材料和多频谱探测技术的发展，智能隐身材料已成为新一代武器装备隐身技术研究的重要发展方向之一。智能隐身材料的研究是基于对自身和战场环境差异实时感知的基础上，对雷达波段、环境红外发射率、背景颜色等信号进行分析处理，实时调节电磁参数、红外发射率等，以增强飞行器等对环境的适应性。浙江大学的陈红胜教授基于深度学习技术，建立了一套完整的时域电磁仿真模型，如图 5 所示，通过揭示隐身的瞬态响应机制，提出了智能隐身系统框架、搭建了电磁环境探测器和试验控制系统，制备出智能隐身材料。披着该智能隐身材料的小车只需要 15 ms 就能自动地实时"换装"，实现智能隐身[20]。

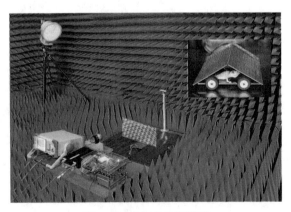

图 5 时域电磁仿真模型

结语

隐身技术涉及材料科学、物理学、电子学、计算机科学等诸多学科，是一门跨学科的综合技术。隐身技术的重大突破标志着现代国防技术的重大进步，具有划时代的历史意义。在未来信息化战争复杂的电磁环境下，隐身技术将对未来战争模式产生巨大影响。未来信息化战争的探测手段将以雷达为主，声、光、红外等探测为辅，多频谱隐身材料技术的发展和运用是实现武器系统隐身的重要措施之一，是隐身技术发展的关键。

此外，未来人类社会的信息化程度将进一步提高，更多更复杂的应用场景对材料的性能提出了多样化的要求。例如，用于战机隐身的材料需要具有低密度、高强度、耐高温等性能，而制造可穿戴器件的材料要具有弹性、柔性、导热性，部分恶劣的工作环境还需要材料具有耐酸碱腐蚀、耐氧化等特性。这些复杂多变、日益增加的需求给隐身材料技术带来了新的挑战，低厚度、低密度、低频吸收、多波段协同吸收成为新型多频谱隐身材料的发展目标。

参考文献

[1]　姬金组, 黄沛霖, 马云鹏, 等. 隐身原理[M]. 北京: 北京航空航天大学出版社, 2018.

[2]　张玉龙, 李萍, 石磊. 隐身材料[M]. 北京: 北京工业出版社, 2018.

[3]　CHE R C, PENG L M, DUAN X F, et al. Microwave absorption enhancement and complex permittivity and permeability of Fe encapsulated within carbon nanotubes[J]. Advanced Materials, 2004, 16(5): 401-405.

[4]　ZHANG Y, HUANG Y, ZHANG T, et al. Broadband and tunable high-performance microwave absorption of an ultralight and highly

compressible graphene foam[J]. Advanced Materials, 2015, 27(12): 2049-2053.

[5] SUN G, DONG B, CAO M, et al. Hierarchical dendrite-like magnetic materials of Fe_3O_4, γ-Fe_2O_3, and Fe with high performance of microwave absorption[J]. Chemistry of Materials, 2011, 23(6): 1587-1593.

[6] QIN F, BROSSEAU C. A review and analysis of microwave absorption in polymer composites filled with carbonaceous particles[J]. Journal of Applied Physics[J]. 2012, 111(6). DOI: 10.1063/1.3688435.

[7] GREEN M, CHEN X. Recent progress of nanomaterials for microwave absorption[J]. Journal of Materiomics, 2019, 5(4): 503-541.

[8] YANG J, ZHANG X, ZHANG X, et al. Beyond the visible: bioinspired infrared adaptive materials[J]. Advanced Materials, 2021, 33(14). DOI: 10.1002/adma.202170105.

[9] WANG H, MA Y, QIU J, et al. Multifunctional PAN/Al–ZnO/Ag nanofibers for infrared stealth, self-cleaning, and antibacterial applications[J]. ACS Applied Nano Materials, 2022, 5(1): 782-790.

[10] FANG S, WANG W, YU X, et al. Preparation of ZnO:(Al, La)/poly-acrylonitrile (PAN) nonwovens with low infrared emissivity via electrospinning[J]. Materials Letters. 2015(143): 120-123.

[11] ZHANG Z, XU M, RUAN X, et al. Enhanced radar and infrared compatible stealth properties in hierarchical SnO_2@ZnO nanostructures [J]. Ceramics International, 2017, 43(3): 3443-3447.

[12] WEN R T, GRANQVIST C G, NIKLASSON G A. Eliminating degradation and uncovering ion-trapping dynamics in electrochromic WO_3 thin films[J]. Nature Materials. 2015, 14(10): 996-1001.

[13] ZHOU K, WANG H, JIU J, et al. Polyaniline films with modified

nanostructure for bifunctional flexible multicolor electrochromic and supercapacitor applications[J]. Chemical Engineering Journal, 2018(345): 290-299.

[14] REN S, YU H, WANG L, et al. State of the art and prospects in metal-organic framework-derived microwave absorption materials[J]. Nano-Micro Letters. 2022, 14(1): 68-106.

[15] 张立德, 牟季美. 纳米材料和纳米结构[M]. 北京: 科学出版社, 2001.

[16] GAO S, WANG G S, GUO L, et al. Tunable and ultraefficient microwave absorption properties of trace N-doped two-dimensional carbon-based nanocomposites loaded with multi-rare earth oxides[J]. Small, 2020, 16(19). DOI: 10.1002/smll.201906668.

[17] ZHANG X J, ZHU J Q, YIN P G, et al. Tunable high-performance microwave absorption of $Co_{1-x}S$ hollow spheres constructed by nanosheets within ultralow filler loading[J]. Advanced Functional Materials, 2018, 28(49). DOI: 10.1002/adfm.201800761.

[18] LI Y, LIU X, NIE X, et al. Multifunctional organic–inorganic hybrid aerogel for self-cleaning, heat-insulating, and highly efficient microwave absorbing material[J]. Advanced Functional Materials, 2019, 29(10). DOI: 10.1002/adfm.201807624.

[19] AN Z, LI Y, LUO X, et al. Multilaminate metastructure for high-temperature radar-infrared bi-stealth: topological optimization and near-room-temperature synthesis[J]. Matter, 2022, 5(6): 1937-1952.

[20] QIAN C, ZHENG B, SHEN Y, et al. Deep-learning-enabled selfadaptive microwave cloak without human intervention[J]. Nature Photonics, 2020, 14(6): 383-390.

破密「隐身术」——新型隐身材料

胡鹏飞，北京航空航天大学航空发动机研究院副研究员、博士研究生导师，北航青年拔尖人才支持计划入选者。主要从事功能性微纳米材料的精准调控、结构表征与特性研究等方面的工作。作为负责人承担了国家自然科学基金面上项目、青年项目，北京市自然科学基金青年项目，北航青年拔尖人才支持计划，博士后创新人才支持计划等。在 *Journal of the American Chemical Society*、*Chem*、*Advanced Materials* 等期刊上发表 SCI 论文 20 余篇（ESI 高被引论文 3 篇），总被引 700 余次。

既是"燃烧剂",又是"冷却剂"
——超临界碳氢燃料

北京航空航天大学能源与动力工程学院

程泽源

在航空发动机中，作为燃烧剂的碳氢燃料在燃烧室中燃烧，燃烧后的高温（2000 ℃以上）燃气流经涡轮做功后从尾部喷管高速喷出产生推力，实现从化学能向机械能的转换。那么碳氢燃料除了充当"燃烧剂"外，还有其他用途吗？燃烧前储存在燃油箱中的碳氢燃料处于近似常温的低温（20 ℃）状态，那么低温碳氢燃料能否用作航空发动机高温涡轮叶片的"冷却剂"？如果将碳氢燃料用作"冷却剂"，会存在哪些问题？目前针对这些问题有哪些研究进展？下面将对这些问题一一进行解答。

为什么需要采用碳氢燃料作冷却剂

为提高航空发动机性能，实现更高的航空发动机推重比和更低的耗油率，从热力学的角度，主要通过提高航空发动机涡轮进口温度和压气机增压比来实现[1]。但是，这两项参数的提高面临着严峻挑战：一方面，航空发动机涡轮进口温度从 20 世纪 50 年代的 1100 K 发展到今天的接近 2000 K，预期未来将达到更高，这将带来更加严峻的涡轮叶片热负荷环境，然而涡轮叶片材料革新带来的材料耐温极限的提高远远不能满足日益严峻的涡轮叶片高热负荷防护需求，因此必须对涡轮叶片采用冷却设计技术；另一方面，随着压气机增压比的提高，压气机出口温度将大幅提高，对于压气机增压比在 32 左右的航空发动机，压气机出口温度已达 800 K 左右，而通常情况下采用压气机出口引气作为涡轮叶片内部冷却气体，因此压气机出口温度的提高会显著降低涡轮叶片冷却空气的冷却品质，为了满足航空发动机冷却的需求，就必然要求增加冷却气体的引气量，然而过量空气的引出会造成压气机出口后用于燃烧的气流流量的降低，导致航空发动机推力的降低，抵消部分由涡轮进口温度提高和压气机增压比增大所带来的收益，限制了航空发动机整体性能的提升空间。因此，依靠传统的冷却方式解决先进超高推重比航空发动机高温涡轮叶片冷却问题面临极大挑战。

从传热角度考虑，解决高温部件的冷却难题必须从寻找冷源出发。在包含航空发动机在内的飞行器中，储存在燃油箱中的低温碳氢燃料是飞行器的最大冷源，前面已经提到压气机出口气体的冷却品质已难以满足高温叶片冷却需求，那么利用低温碳氢燃料作高温部件冷却系统的冷却剂，可为解决高温冷却难题带来有效解决方案。

采用碳氢燃料作冷却剂的冷却方案

在以碳氢燃料作冷却剂的冷却方案中，采用空油换热器，利用未燃烧的低温碳氢燃料对即将引入高温涡轮叶片部件的冷却空气进行冷却，降低冷却空气温度，从而提高冷却空气的冷却品质，满足高温叶片冷却需求，该技术也称为冷却空气预冷（cooled cooling air，CCA）技术。图1所示为航空发动机碳氢燃料冷却系统的 CCA 技术流程。首先，碳氢燃料在进入燃烧室前通过空油换热器被压气机带来的冷却空气加热，燃烧室整体温度得到提高，整机效率也随之提高；其次，碳氢燃料本身冷却品质高于冷却空气，少量碳氢燃料即能有效降低冷却空气温度、提高冷却品质，冷却空气引气量得以减少，压气机出口引气对航空发动机推力和整体性能的影响能够降低；最后，碳氢燃料在超临界压力下吸收热量后温度升高至一定程度进入拟临界状态，以近似气体形态在燃烧室内与空气进行掺混，雾化效果得到大幅提高，且高温碳氢燃料会裂解产生氢气等小分子组分，燃烧效率将得

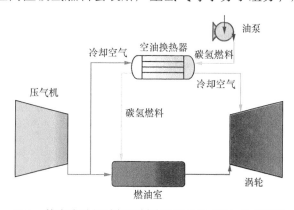

图 1　航空发动机碳氢燃料冷却系统的 CCA 技术流程

既是「燃烧剂」，又是「冷却剂」——超临界碳氢燃料

以大幅提升，在保证相同燃烧热产时可以缩短发动机燃烧室长度，基本抵消加装空油换热器后的发动机增重，消除其对发动机整体质量的影响。

超临界碳氢燃料有哪些物理特性

在以碳氢燃料作冷却剂的冷却方案中，碳氢燃料运行压力达到 3.45 ～ 6.89 MPa，高于碳氢燃料的临界压力[2]，使其成为超临界碳氢燃料。下面从物质的相态来对超临界（态）流体进行介绍。

1. 临界点

在物质从液体转变为气体的过程中，两相之间存在一个十分清晰的分界面，但当压力升高至某一特定值时，这个分界面会消失，此时对应的压力被称为临界压力，温度被称为临界温度，该状态在压力 - 温度相态图（见图 2）中为临界点。

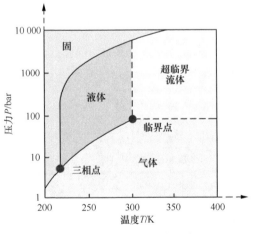

图 2　物质的压力 - 温度相态图

2. 超临界流体

在临界点附近时，压力和温度的微小变化会引起物性的巨大变化；当压力超过临界压力时，随着温度增加，流体密度将急剧下降，黏度和导热系数迅速变小，定压比热容突然增大，出现峰值，此时峰值对应的温度点为拟临界温度，如图3所示；当温度和压力分别高于临界温度和临界压力时，流体被称为超临界流体，被认为处在超临界态。超临界态是气态、液态和固态以外的第四种相态，流体在这种状态下具有良好的流动特性、热力学特性和输运特性：超临界流体没有气相和液相的分界线，既具有气体的性质，可以很容易地压缩或膨胀，又像液体一样，具有较大的密度，但它的黏度比液体小，有较好的流动性和热传导性能。

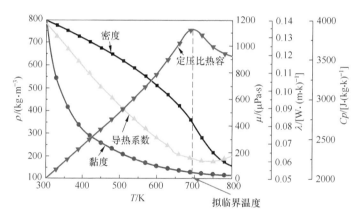

图3 超临界流体的物理参数随温度的变化特性

采用碳氢燃料作冷却剂存在哪些问题

使用碳氢燃料作冷却剂吸收热量时，超临界碳氢燃料将会经历物性变化、热裂解、壁面结焦等过程：当碳氢燃料温度升高将超过其拟临界温度时，碳氢燃料的状态由液态转变为超临界状态。流体在这一过程中的物性会发生剧烈变化，与亚临界压力下常物性单相流动传热有很大不同；当温度继续升高至一定温度时，碳氢燃料大分子物质会发生高温裂解反应，形成多种气态的小分子物质，如氢、乙烯、甲烷等，同时吸收大量热量；裂解反应又会引发结焦析碳反应，在壁面生成焦炭沉积，壁面结焦会大大增加壁面和碳氢燃料之间的换热热阻，对冷却效果产生不利影响。此外，结焦严重时会造成油路和喷嘴的堵塞，影响航空发动机系统的可靠运行。因此，采用碳氢燃料作冷却剂会面临复杂过程，必须深刻认识复杂过程背后的机理才能有助于碳氢燃料冷却系统的设计。

碳氢燃料作冷却剂的研究进展

碳氢燃料是飞行器自带的最大冷源，作冷却剂具有众多优势。为此，国内外学者针对碳氢燃料冷却过程中存在的超临界变物性流动过程、碳氢燃料裂解反应过程、碳氢燃料结焦析碳过程等问题进行了大量研究。

1. 超临界变物性流动过程

研究发现：超临界流体在管内流动时，变物性、浮升力、热加速、热流密度、质量流速对其流动换热特性有较大影响。一般认为，超临界压力的传热可分为 3 种模式：低热流、高流量下，拟临界点附近比热的峰值效应使传热加强；在竖直管和水平管中，加热造成的浮升力效应和热加速效应使高热流、低流量下发生传热恶化现象；随着热流增加，浮升力效应得到加强，此时相对于强制对流，自然对流占主导因素，传热得到强化。

本课题组[3]针对超临界碳氢燃料开展了大量研究，开发了超临界碳氢燃料物性模型，可实现对不同超临界碳氢燃料密度、黏度、导热系数和定压比热容随温度变化的精准预测；研究了碳氢燃料在不同流动方向管内的流动换热特性，获得了碳氢燃料传热恶化及传热强化的机理：超临界碳氢燃料在拟临界点附近的密度会随着温度的增大发生骤降，进而引发浮升力并在壁面附近形成二次流，使得传热得到强化、壁温降低，如图 4 所示。

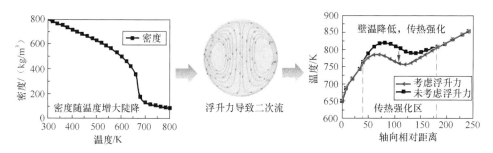

图 4　超临界碳氢燃料传热强化机理

2. 碳氢燃料裂解反应过程

　　碳氢燃料裂解反应过程十分复杂，存在数千个甚至上万个化学反应（包括了裂解反应、缩合反应、环化反应等）同时发生。有关碳氢燃料裂解反应的研究在国外开展得较早，研究结果表明：当最高温度达到 600 K 时，正十二烷裂解生成一系列烷烃和烯烃；随着压力的升高，正十二烷更易裂解形成大分子的饱和碳氢化合物，这些现象可通过修正的自由基链式机理来解释。通过对一系列直链烷烃（包括 C9、C12、C13、C16 和 C22）及其混合物在常压下、623 ~ 893 K 温度范围内的裂解过程进行研究，发现无支链烃热裂解主要产生 1- 烯烃，并且压力越低，裂解生成 1- 烯烃的选择度越高。Ward 等 [4] 基于试验结果提出了一步总包分子反应模型来描述正癸烷的裂解过程，相比于详细机理模型，总包分子反应模型仅考虑主要的化学反应，在模型应用中可使计算得到极大的简化。国内相关工作开展得较晚，近十年来许多学者开始通过试验的方式对超临界碳氢燃料的裂解反应过程进行研究，并针对不同烃类燃料提出了相应的裂解模型。我国境内使用的航空碳氢燃料主要为 RP-3，因此国内学者的研究主要集中在 RP-3。Zhong 等 [5] 对 RP-3 在超临界条件下的裂解反应进行了试验研究，将裂解产物归为 3 组：未反应的燃料、气相产物以及包含液相产物的裂解残余物，并在此基础上提出了一步集总模型。试验同时测量了各类产物的比例以及裂解混合物流量随压力、温度和驻留时间的变化。结果表明，裂解特性（包括裂解度、化学热沉、裂解产物成分）随反应温度和驻留时间发生了显著变化，但受压力的影响较小。Jiang 等 [6] 对 RP-3 电加热裂解试验产物的浓度进行了测量，分析了各裂解产物的浓度分布、流体温度以及流体在管内的驻留时间，提出了包含 18 组分和 24 步分子反应的动力学模型，该模型可以对高裂解度（高达 86%）下的裂解反应过程进行准确的预测。清华大学姜培学课题组 [7] 通过超临界压力下的裂解试验，研究了不同压力、温度和驻留时间条件下超临界正癸烷的流动、传热和裂解过程，对 18 种主要裂解产物进行了测量。试验结果表明：低转化率时，每种裂解产物的生成速率基本遵循一定比例。当正癸烷转化率高于 13% 时，小分子产物的生成速率开始提高，大分子产物的生成速率开始下降。基于试验数据，提出了适用于正癸烷转化率低于 13% 时的一步总包裂解反应模型。此外，他们还针对航空燃料 HF-II，开展了热裂解和对流传热的试验研究，分析了压力、质量流量和热流密度的影响。研究表明，HF-II 在温度高于 750 K 后出现裂解，裂解产物组成较为复杂，包括烷烃、烯烃、芳烃和其他烃类物质。燃料转化率主要取决于温度和驻留时间。根据组分质量分数与燃料转化率的关系，裂解产物被分为 3 类：第一类为最小的两种烷烃，其质量分数与温度、压力、质量流量和燃料转化率均无关；第二类为中等分子裂解产物，其质量分数是压力、转化率和其他因素的复杂函数；第三类为一些烯烃物质，其质量分数主要受燃料转化率的影响。基于试验测量结果，一步总包裂解反应模型被提出，该模型的预测结果与低燃料转化率（<25%）时的试验数据吻合较好。

本课题组针对正癸烷和 RP-3 两种典型的碳氢燃料，分别应用正癸烷一步总包裂解反应模型和 RP-3 多步裂解分子反应模型，对超临界压力下（伴随裂解反应时）正癸烷和 RP-3 在底部加热方通道内的三维流动传热过程进行了数值模拟研究。通过系统分析裂解反应对流阻和耦合传热的影响，并对各类现象的产生机理进行深入研究发现：较大的加热表面热流密度会导致传热恶化，传热恶化的出现造成了近壁区域极高的温度，燃料在刚刚进入加热段后转化率就开始上升，随着流体温度在加热段后半段不断上升，裂解反应在整个通道内剧烈进行，燃料的转化率迅速增加；裂解反应导致流体密度的降低和流体进一步的加速，因此裂解反应使压力梯度的增加提前，在流体温度超过 800 K 后，压力梯度迅速上升并且其数值明显高于不考虑裂解反应时；均匀加热表面热流条件下，在各流固交界面处，传热恶化和传热强化的程度不同导致各壁面的热流密度会呈现不同的沿程变化规律，裂解反应使下壁面处的对流传热得到更大程度的强化，从而使更多的热量由下流固交界面传入流体域；均匀加热表面热流条件下，尽管裂解反应使得下壁面的热流密度增加，但下壁面的温度在发生裂解反应时变得更低。

3. 碳氢燃料结焦析碳过程

针对碳氢燃料结焦析碳过程，一般认为结焦是碳氢化合物热裂解形成的自由基缩合成的多环芳烃化合物，再经脱氢形成的焦炭。焦炭颗粒会在对流、扩散作用下到达并附着于壁面，这一结焦途径称为非催化结焦。此外，发生裂解的碳氢燃料还会在冷却通道表面一些金属元素的催化作用下生成丝状纤维焦炭，这一结焦途径称为催化结焦。目前认为乙炔、芳烃和双烯烃是 RP-3 主要的结焦母体（结焦母体的类型和数量会影响生成的结焦量）。结焦形态随着裂解程度和焦炭厚度的增加而变化，反应物驻留时间、反应器表面特性和结焦时间均会影响焦炭的形成。烷烃由于不直接参与结焦反应，所以其本身不是结焦母体，烷烃对结焦的影响主要体现在其裂解后生成的芳烃和双烯烃上。其中，双烯烃是最主要的结焦母体，芳烃是第二重要的结焦母体，并且芳烃的侧链和芳环的数量越多，结焦速率越快。还有研究认为，碳氢燃料的裂解包含分子的分解和分子的结合这两类反应。分子的分解反应生成乙烯、丙烯等气相产物；分子的结合反应生成轻质芳烃。其中，轻质芳烃脱氢缩合为多环芳烃，再进一步转变为稠环芳烃，最后由液体焦油转变为固体碳青质，生成积炭。

由于结焦现象在较高温度下出现，结焦的试验研究对试验条件要求较高，超临界碳氢燃料伴随裂解结焦的流动传热试验研究在近 30 年来才开始出现。其研究重点主要包括结焦形态的观测、结焦量的测量和发展结焦模型等。有学者采用连续流动反应装置研究了 RP-3 在超临界热裂解条件下形成焦炭的规律和性质。测定结果显示，壁面结焦中有 3 种不同的焦炭，分别为富氢吸附碳、无定形碳和纤维焦炭，焦炭中含有质量分数为 17.09% 和 11.12% 的铁、铬原子，说明金属发生了渗碳现象。天津大学刘国柱课题组[8]针对不同种类的燃料开展了大量裂解试验研究。超临界状态下不同混合比例的正十二烷和异十二烷的系列混合物在 948 K 时的结焦量测量结果表明：结焦量与裂解转化率密切相关。通过进行多工况下的 RP-3 裂解结焦试验，发现结焦速率与裂解转化率和壁面温度有关，并且会随时间的增加而减慢。观测得到的结焦形态特征表明结焦可解释为壁面催化机理和横向增长机理，结焦速率随时间的减慢是结焦对金属壁面的逐渐覆盖导致的。根据试验测量结果，刘国柱课题组发展了多个基于不同结焦母体的结焦动力学模型，这些模型考虑了表面覆盖效应、当地结焦母体浓度和壁面温度。通过试验研究不同压力对电加热管内的 RP-3 的热裂解和结焦的影响，发现在恒定的质量、流量下，升高的压力可促进壁面结焦。当压力从 0.7 MPa 增加到 3.5 MPa 时，由于芳烃浓度增高，壁面结焦量增加了 4.4 倍。

在结焦过程的数值模拟研究方面，由于适用于计算流体力学（computational fluid dynamics，CFD）计算的结焦动力学模型在近年来才逐渐得到发展，并且目前商用软件的功能和二次开发程度有限，难以应用商用软件对冷却通道内的结焦和流动传热的耦合过程进行动态模拟。因此，只有极少学者进行了结焦部分过程的计算研究或在忽略结焦带来的影响的前提下对壁面结焦量进行预测，而对结焦全过程的完整耦合数值模拟尚未出现。浙江大学孟华课题组[9]采用结焦动力学模型，在 RP-3 裂解计算结果的基础上，对短时间内将产生的壁面结焦量的分布进行了预测。他们通过计算发现，RP-3 的裂解产生了丙烯和芳烃等结焦母体。在高热流密度和低入口速度条件下，较高的壁面温度和较高的结焦母体浓度会导致较多的壁面结焦。

本课题组将壁面结焦量转换为结焦体积后，流固交界面（流体域边界）的节点做出相应移动。通过对流体域进行假压缩并借助弹簧法，确定出各节点的移动方向，从而实现各节点移动方向的自动相互协调，以避免网格变形后节点的碰撞以及单元的扭曲。基于六面体单元体积公式，计算出一定结焦量下的节点移动距离，从而使流固交界面边界的移动能够符合结焦量的分布。边界移动后对计算域内部网格单元进行弹簧法网格变形，流体域和固体域网格分别被压缩和拉伸，同时提高了网格质量。通过物理信息和几何信息的传递和更新将流动传热核心求解模块、结焦速率计算模块与结焦动网格模块结合，最终动态模拟了伴随裂解结焦的超临界碳氢燃料在冷却通道内的复杂耦合过程。利用自主开发的结焦动态模拟平台系统分析壁面结焦量的分布规律以及流动、传热和裂解反应过程随壁面结焦的变化，发现当裂解反应出现时，壁面结焦速率开始提高。在均匀壁面热流密度条件下，结焦母体浓度的不断增加和壁面温度的逐渐升高会造成壁面结焦速率在加热后半段迅速提高。壁面热流密度对壁面结焦速率影响十分明显，较高热流密度的壁面结焦速率远高于较低热流密度；随着结焦过程的进行，催化结焦速率出现明显衰减。应用 MC-II 结焦动力学模型得到的RP-3 壁面的结焦量计算结果表明，非催化结焦速率几乎不随结焦过程发生变化，非催化结焦量始终远小于催化结焦量；在均匀壁面热流密度条件下，随着结焦层的不断增厚，流体域逐渐缩小导致流速增加，并同时引起管内压降的升高。流体加速使得流体在加热段内的驻留时间缩短，燃料转化率降低，同时裂解吸热量减少。这表明壁面结焦会间接影响裂解反应过程和流体的吸热能力；加热段外壁面温度明显升高，这表明壁面结焦带来的传热热阻增加会对冷却通道的壁面温度产生极大的影响。

既是「燃烧剂」，又是「冷却剂」——超临界碳氢燃料

结语

碳氢燃料是飞行器内自带的冷源，具有量大质优的优势，因此采用碳氢燃料作冷却剂是解决航空发动机高温部件冷却难题的重要途径。目前，研究人员针对碳氢燃料冷却过程中存在的超临界变物性流动、裂解反应和结焦析碳等复杂过程开展了大量研究，相关成果已在我国型号及预研发动机中得到应用。未来应进一步重视碳氢燃料的冷却能力，针对碳氢燃料冷却技术中的物性快速精准测量、裂解反应精确计算、氧化结焦机理及抑制技术进行深入研究，同时结合现代人工智能技术，围绕先进燃料冷却技术开展技术创新研究，以支撑我国航空发动机热防护技术不断迭代发展。

参考文献

[1]   BRUENING G B, CHANG W S. Cooled cooling air systems for turbine thermal management[C]//ASME 1999 International Gas Turbine and Aeroengine Congress and Exhibition. New York: ASME, 1999. DOI: 10.1115/99-GT-014.

[2]   孙青梅, 米镇涛, 张香文. 吸热型碳氢燃料RP-3仿JP-7临界性质(t_c, p_c)的测定[J]. 燃料化学学报, 2006, 34(4): 466-470.

[3]   CHENG Z Y, TAO Z, ZHU J Q, et al. Diameter effect on the heat transfer of supercritical hydrocarbon fuel in horizontal tubes under turbulent conditions[J]. Applied Thermal Engineering, 2018(134): 39-53.

[4]   WARD T A, ERVIN J S, STRIEBICH R C, et al. Simulation of flowing mildly-cracked normal alkanes incorporating proportional product distribution[J]. Journal of Propulsion and Power, 2004, 20(3): 394-402.

[5]   ZHONG F Q, FAN X J, YU G, et al. Thermal cracking of aviation kerosene for scramjet application[J]. Science in China serise E Technological Sciences, 2009, 52(9): 2644-2652.

[6]   JIANG R P, LIU G Z, ZHANG X W. Thermal cracking of hydrocarbon aviation fuels in regenerative cooling microchannels[J]. Energy & Fuels, 2013, 27(5): 2563-2577.

[7]   ZHU Y H, LIU B, JIANG P X. Experimental and numerical investigations on n-decane thermal cracking at supercritical pressures in a vertical tube[J]. Energy & Fuels, 2014, 28(1):466-474.

[8]   JIANG R P, LIU G Z, HE X Y, et al. Supercritical thermal decompositions of normal- and iso-dodecane in tubular reactor[J]. Journal of Analytical & Applied Pyrolysis, 2011, 92(2): 292-306.

[9]   XU K K, MENG H. Numerical study of fluid flows and heat transfer of aviation kerosene with consideration of fuel pyrolysis and surface coking at supercritical pressures[J]. International Journal of Heat & Mass Transfer, 2016, 95: 806-814.

既是「燃烧剂」，又是「冷却剂」——超临界碳氢燃料

程泽源，北京航空航天大学能源与动力工程学院副研究员、硕士研究生导师，北航青年拔尖人才计划入选者。主要研究方向包括燃油主动冷却结构设计、超临界燃油多物理场耦合 CFD 数值模拟技术、基于人工智能的超临界燃油多物理场仿真技术、涡轮叶片燃油 / 空气组合冷却设计等。承担了军委科技委国防科技重点实验室基金、"两机"专项重型燃气轮机工程等项目，参与了某工程国家重大科技专项、173 计划、国家自然科学基金等多个国家级项目，发表高水平学术论文 20 余篇，出版专著 2 部。开发的超临界燃油多物理场自主数值仿真平台在我国某型超燃冲压发动机冷却设计中得到应用。

超声速飞行器如何实现可靠电力保障

北京航空航天大学航空发动机研究院

董苯思

当乘客享受着飞机上的娱乐设备时，当飞行员操纵着各式各样的仪表时，当空中服务人员在空中厨房加热餐食时，你可否想过：飞机脱离地面后，电从哪里来？飞行速度更快的超声速巡航战斗机或是超声速导弹等超声速飞行器的供电技术有什么特点？与民航飞机相比，其电力保障又有何难度？本文将带你一探究竟。

高速是飞行永恒的追求

实现以任何速度在任何高度飞行，包括脱离地球大气层进入空间永久轨道，是自 1903 年莱特兄弟的第一架飞机试飞成功以来人类航空事业的宏伟展望。在民用领域，飞机飞行速度的提升可降低远程航行时间，能够带来巨大的经济效益；在军事领域，作战武器飞行速度的提升是建立先敌打击优势的不二法宝。因此，超声速飞行具有巨大的应用前景。图 1 所示为美国"观星者"和"临界鹰"高超声速飞行器[1]。

(a)"观星者"高超声速飞行器　　　　(b)"临界鹰"高超声速飞行器

图 1　美国"观星者"和"临界鹰"高超声速飞行器

超声速飞行器是指飞行马赫数大于 1 的飞行装置。目前，可以实现超声速飞行的推进动力装置主要包括火箭发动机、涡轮喷气发动机、亚燃冲压发动机、超燃冲压发动机以及组合式发动机等。这些推进动力装置各有特点：火箭发动机需要携带大量燃料，有效载荷较低，在较大的速域范围内均比其他类型发动机的推进效率低；对于常规涡轮喷气发动机来说，当飞行速度较高（飞行马赫数为 2.5 ～ 3）时，来流过快、温升过高会导致发动机性能和输出功率急剧下降；亚燃冲压发动机可以完成飞行马赫数为 3～5 的飞行任务，但当马赫数超过 5 时，发动机将超声速气流减速至亚声速时，其循环效率会大大降低，难以为飞行器提供足够动力；当飞行器速度超过 5 马赫时，燃烧只能在超声速燃烧的条件下进行，超燃冲压发动机应运而生。由于飞行速度与飞行高度范围较大，目前尚未有一种采用单一循环的发动机可以实现飞行马赫数在 0～25 内高效工作的飞行器。

随着航空器研究的不断深入，考虑重复使用、飞行安全性、可靠性、低成本以及可以实现高超声速飞行的实际需求，组合式发动机的相关研究和设计工作受到越来越多的关注。涡轮 - 冲压组合循环已成为当前超声速飞行器的主流推进动力方案：两种发动机串联或并联排布（见图 2），根据不同的飞行参数（飞行高度、飞行速度）单独或联合工作。该方案利用了涡轮基循环在低空、低马赫数飞行时优良的气动特性和冲压基循环在高空、高马赫数飞行时推力稳定和比冲高的优势，大大拓展了飞行器的飞行能力范围 [2-3]。

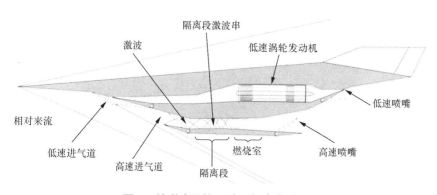

图 2　并联式涡轮 – 冲压组合发动机

"多热少电"——超声速飞行器避不开的痛点

随着技术指标要求的不断提升，超声速飞行器及其机载设备（包括雷达、燃油泵、舵机、温控系统、武器系统等）对供电功率的需求量日益提高，雪上加霜的是，超声速飞行器的取电途径还受到极大限制[4-5]。当飞行器在高马赫数飞行时，一方面，冲压发动机因具有高比冲的优势而成为飞行器高速巡航的主动力装置，此时涡轮发动机几乎或完全停止运行，涡轮发动机旋转主轴也停止旋转，从而无法带动原有发电机旋转发电，也就无法在没有辅助动力系统的情况下产生电能供给飞行器及其机载设备使用，超声速飞行器面临的"少电"问题亟待解决；另一方面，超声速飞行时的飞行器也面临着严重的"多热"问题。例如，当飞行马赫数达到6时，气体压缩效应和壁面摩擦耗散效应使得飞行器外表（见图3）温度可达到1600 K，燃烧室喷口（见图4）气流温度可达到2200 K。巨大的热负荷给飞行器表面和内部系统带来严峻的挑战。"多热少电"成为超声速飞行器发展道路上的"拦路虎"，在高热负荷的环境下实现安全稳定的供电成为超声速飞行器设计的关键。

图 3　超声速飞行器

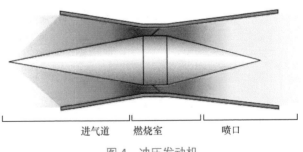

图 4　冲压发动机

进气道　　燃烧室　　喷口

常规飞机的供电"三件套"

在深入了解超声速飞行器如何供电之前，我们首先将目光转向常规飞机。为保证飞行安全，飞机上的供电措施通常是多维度的，一般有以下供电"三件套"来保证飞行时的可靠供电。

① 主电源：由航空发动机转轴驱动的发电机及其控制器等设备构成。当航空发动机工作时，航空发动机会驱动发电机转子旋转，将机械能转换成电能，提供给飞机上的用电设备。为保证可靠供电，飞机通常会配备两套以上的主电源。

② 辅助电源：在发生所有主电源都失效的小概率事件时，一般安装在飞机尾部的小型辅助发电机（由小型燃气轮机或开式涡轮驱动）将发挥作用，该辅助电源可以迅速投入电网，弥补主电源电能的不足或丧失。

③ 应急电源：大容量的蓄电池及其配备的应急发电机会在发生极端情况下时临危受命，保证向飞机关键设备和仪表提供电力，确保飞机安全返航。

"以热制电"缓解"多热少电"

由前述可知，对于冲压发动机工作模式下的高速飞行，涡轮发动机旋转主轴也停止旋转，此时常规飞机机载主电源系统无法应用于高速飞行。另外，以蓄电池为主的供电模式（蓄电池单独供电或蓄电池加电容联合供电）结构简单、可靠性高，但存在大功率供电困难、蓄电池本身受极端环境温度的影响较大、充电时间过长导致飞行器不能随时处于"值班"状态、蓄电池存放期限较短等问题，同样不适合作超声速飞行器的供电主力。由此看来，在常规飞机的供电"三件套"中，辅助电源最有希望成为超声速飞行器的供电首选方案。一般来说，辅助发电机（见图5）的核心部分通常是一个小型的燃气涡轮发动机，其一般配置由单独电池供电的独立电动起动机，系统具有独立的附加齿轮箱、润滑系统、冷却系统等装置。考虑超声速飞行器所要求的结构简化、质量轻及其不可避免的"多热"特点，基于简单部件的"以热制电"成为缓解"多热少电"的有效途径。

图 5　位于飞机尾部的辅助发电机

怎么把超声速飞行器的"热"转换成电能呢？概括起来，热能可以通过直接和间接两种途径转换成电能，评价直接或是间接的标准在于载带热量和电荷的物质是否经过转轴和活塞转变为电能，即是否需要中间机械能将热能转换为电能。

1. 热电直接转换方案

对于某些特定应用场合（例如外层空间和地球上的偏远地区），超声速飞行器需要可靠、轻质且不必频繁维护的热电直接转换技术。根据原理不同，热电直接转换可分为温差发电、碱金属发电、磁流体发电等不同发电方式，以下将对这些发电方式进行简述。

温差发电利用塞贝克效应将热能转换为电能（两种不同的导体或者半导体由于温度差异会产生电压差）。温差发电机具有结构简单、体积小、系统复杂度低等优势，但其一直以来也面临着技术成熟度不高和发电效率偏低（受制于半导体材料，效率仅为 4% ～ 8%）等问题[6-7]。目前，放射性同位素温差发电机往往被用于给宇宙空间探测器供给电能。

碱金属发电以碱金属作工质，以热再生浓度差电池工作过程为工作原理，直接将热能转换成电能。碱金属热电转换器具有无转动部件、噪声极低等优点，且对燃料没有特别苛刻的要求，可以满足不同容量负载的要求，工作在热源温度 1000 K 时就能有较高的能量转换效率（可达 30% ～ 40%）。该技术目前仍然处于理论研究阶段，且受到材料制取的限制，难以应用于超声速飞行器发电系统[8-9]。

磁流体发电也是一种新型的高效发电方式，其利用电磁感应的原理，首先将燃料（石油、天然气、燃煤等）直接加热成易于电离的气体，然后在高温下电离成导电的离子流，离子流在强磁场中高速流动，切割磁感应线产生感应电动势，实现热能向电能的直接转换[10-11]。其技术优点是发电工质获取方便、效率高、响应快，但是仍需解决一些应用性难题，例如，如何在工程上制备常温超导体、怎样解决系统结构质量大的问题等。

2. 热电间接转换方案

上述热电直接转换方案均不同程度上存在技术成熟度低、发电效率低、材料制取困难等应用难题，难以应用于超声速飞行器。那现阶段如何实现对超声速飞行器的持续供电呢？我们可以将目光投向技术成熟度更高的热电间接转换方案。在以简单动力循环为基础的热电间接转换发电系统中，最常采用的热力循环包括布雷顿循环和朗肯循环[12]。基于简单布雷顿循环的燃气轮机发电系统如图 6 所示。

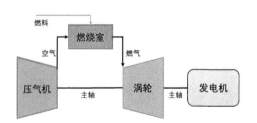

图 6　基于简单布雷顿循环的燃气轮机发电系统

布雷顿循环是燃气轮机和喷气式发动机所采用的理想热力循环，可以分为 4 个过程：工质在压气机中进行等熵压缩后进入燃烧室等压加热，随后进入涡轮等熵膨胀，最终排入大气等压放热。根据工质的循环情况不同，布雷顿循环可以分为开式循环和闭式循环。开式循环中的工质经历一次完整的热力循环后便排放或者进入其他部件加以利用，不再进入当下循环，往往不需要考虑工质的储存和重复利用性能；闭式循环的工质在封闭回路中进行循环[13-14]。目前，闭式布雷顿循环所用的循环工质一般为氦气和超临界二氧化碳（SCO_2）。闭式氦气布雷顿循环工质为惰性气体氦气，其导热系数和比热容大，可以实现换热器的紧凑设计，安全性好，系统组成较为简单。工程上，闭式氦气布雷顿循环一般用于高温气冷堆的热功转换，目前国外主要有南非的 PBMR 和美俄的 GT-MHR 项目，国内也针对"第四代先进核能系统"开展了新型布雷顿循环氦气轮机发电系统的设计与技术验证工作。除了被应用于高温气冷堆，也有学者提出将氦气布雷顿循环应用于空间核电系统，但该想法目前仍处于方案论证阶段。在介绍闭式超临界二氧化碳布雷顿循环之前，有必要先了解一下超临界流体。超临界流体区别于一般流体的地方在于其存在一个拟临界温度点，在该温度附近，超临界流体热物性随温度变化非常剧烈，如果将压气机工作点设置在气体密度大的区域，加热过程设置在气体密度小的区间，就可以大大降低压气机功耗和气体压力损失，从而提高循环效率。作为一种新型的发电技术，闭式 SCO_2 布雷顿循环目前已经通过了理论上的充分验证，在核能、太阳能利用领域发挥了重要作用，例如美国建造的 EPS100、STEP、IST 等测试试验装置，我国也在推进大功率闭式 SCO_2 布雷顿循环试验台建设。然而，该发电系统目前仍有很多问题（如循环构型的设计和优化、旋转机械优化、换热器设计优化和制造、系统运行策略设计以及如何防止材料在 SCO_2 环境下的腐蚀等）需要解决，这些都限制了闭式 SCO_2 布雷顿循环发电装置的商业应用。

除了布雷顿循环，朗肯循环也被广泛用于发电系统设计。朗肯循环也是一种将热能转换为功的热力循环，其从外界吸收热量使闭环的工质（一般为水蒸气）加热做功，在接上发电机之后就可以实现热能向电能的间接转换。朗肯循环产生了世界上 90% 的电力，包括几乎所有的太阳能热能、生物质能、煤炭与核能的电站都采用朗肯循环设计。那什么又是有机朗肯循环？顾名思义，有机朗肯循环（ORC）（见图 7）就是利用有机溶液作为工作流体的朗肯循环，那么，这样的好处是什么呢？ORC 一般选用低沸点有机工质，所以最大的好处就是实现对较低温度热源的高效利用，同时还可以简化设备结构、减小工质对设备的腐蚀、提高设备安全性等[15]。目前，ORC 最广泛的应用为工业余热回收。此外，ORC 还在地热发电、太阳能热发电、海洋温差发电、LNG 冷能回收、生物质能利用、发动机尾气能回收等方面具有应用推广价值。

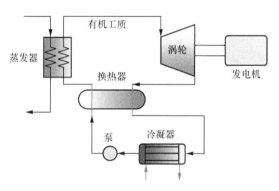

图 7　有机朗肯循环（ORC）

可惜的是，前述闭式布雷顿循环发电装置和朗肯循环发电装置的结构复杂、体型庞大，而超声速飞行器则要求发电装置具有结构简单、质量轻、安全可靠性高、发电功率大等特点，相较之下，开式布雷顿 / 朗肯循环发电系统则弥补了这些缺点，成为目前长续航超声速飞行器发电系统的理想（甚至是唯一）选择。常见开式布雷顿循环发电系统（如前所述的冲压空气涡轮辅助发电系统）的工作原理可以理解为利用减速后的高温高压空气吹转动力涡轮，涡轮轴带动发电机转子旋转从而实现热电间接转换，其具有功率大、供电时间长、体积小、成本低等优点。桨叶式冲压空气涡轮目前已经在各类低速飞行器上作为电源供给系统动力装置。民用上，如波音 757/767/777、空客 A330/340 飞机上均配有冲压空气涡轮应急电源^[16]；军用上，冲压空气涡轮自主发电系统作为机载吊舱的电源被装备部队，作为引信专用物理电源同时也被列装于战斗机作为应急能源。此外，超声速飞行的高热载环境也为以高温高压碳氢燃料裂解混合气体为介质的开式朗肯循环方案提供了实现的可能。针对超声速飞行器的"多热"问题，可采用机载燃油基于再生结构进行主动热防护，通过冷却通道中的航空燃油吸收掉多余的热量之后再进入燃烧室燃烧，不仅可以达到对飞行器机体进行隔热保护目的，还可以提高整机循环效率。在这一过程中，冷却通道中的碳氢燃料在吸收大量热量之后会发生热裂解从而变成高焓混合油气，此时，如果以高温高压碳氢燃料裂解混合油体为工质推动涡轮发电，则可以将机电系统与发动机主动热防护系统相结合，以碳氢燃料这一机载热沉为媒介，同时缓解超声速飞行的"多热"与"少电"两大痛点问题。

团队研究进展

我们团队基于浸油冷却方案形成超声速飞行器用涵道式涡轮发电系统设计方法，全流程设计、试验面向超声速飞行的高焓冲压空气涡轮发电装置。在设计阶段，重点攻克了高热载环境下核心部件的热防护技术及其带来的高转速燃油 - 空气的机械密封设计技术。基于空气夹层配合遮热板设计，有效抑制了近壁高温面的燃油结焦；基于流动理论与流动耗散模型，准确控制了转子和定子狭隙环缝内的流动失稳与阻力；基于一维和三维传热边界的互补计算，高效迭代获得了多场全域温度耦合仿真结果。面向高速油气密封，我们团队采取结构多功能设计、密封界面近轴心、控制油压作用转环面积、密封方向向心等方式实现一 / 二次流的有效阻隔。基于上述设计，团队合作试制加工的系统样机现已通过三轮吹转测试，1000 K 进口温度条件下，最高测试转速超过 60 000 r/min，实现了系统气动、结构、冷却、封严、发电等多维度的设计校验，证明了该系统的可靠性与转换前景，现已成功入选"慧眼行动"创新成果快速转换项目。此外，我们团队目前正在并行设计200 kW微型燃气轮机及40 kW裂解油气涡轮发电系统。在油气涡轮发电方向，在完成高裂解度煤油蒸气涡轮气动设计与涡轮总成结构设计的同时，为支撑裂解油气生成及高压燃油供给，我们团队还致力于在冷单面加热条件下的周期性多孔金属结构单元内煤油流动传热特性及油气涡轮驱动高转速供油系统方案研究，从基础数据模型→部件样机实物→系统能流方案等多层次支撑航空发动机综合能源管理技术提升与超声速飞行器型号研发。

结语

飞行器在高马赫数冲压基飞行时，气动加热与燃烧释热所造成的"多热"与无旋转机械提取轴功所带来的"少电"问题加剧，飞行动力热／电综合能源管理成为支撑飞行器速度提升的关键核心技术之一。在现有技术框架内，立足"以热制电"手段解决"多热少电"问题，特别是利用热电间接转换手段提供大功率电能，是超声速飞行器电力供给的首选方案。未来相关研发工作将在保证发电系统可靠运行的基础上，向质量更轻、控制更优、效率更高、排气温度更低（提供优质热沉）等发电系统多维度性能优化持续深耕。

参考文献

[1] 李茜. 2022高超声速技术进展[J]. 航空动力. 2023(1): 15-18.

[2] SANDERS B W, WEIR L J. Aerodynamic design of a dual-flow mach 7 hypersonic inlet system for a turbine-based combined-cycle hypersonic propulsion system[R]. NASA, 2008.

[3] ZHENG J L, CHANG J T, MA J C, et al. Analysis of aerodynamic/

propulsive couplings during mode transition of over-under turbine-based-combined-cycle engines[J]. Aerospace science and technology, 2020(99). DOI: 10.1016/j.ast.2020.105773.

[4]   SFORZA P. Electric power generation onboard hypersonic aircraft [C]// 45th AIAA/ASME/SAE/ASEE Joint Propulsion Conference & Exhibit. Reston, VA: AIAA, 2006. DOI:10.2514/6.2009-5119.

[5]   DANG C L, CHENG K L, FAN J H, et al. Performance analysis of fuel vapor turbine and closed-Brayton-cycle combined power generation system for hypersonic vehicles[J]. Energy, 2023(266). DOI: 10.1016/j.energy.2022.126426.

[6]   ABDULGHANI Z R. A novel numerical case-study for thermoelectric module with hollow semiconductor[J]. Case Studies in Thermal Engineering, 2022(37). DOI: 10.1016/j.csite.2022.102281.

[7]   ALEGRÍA P, CATALÁN L, ARAIZ M, et al. Thermoelectric generator for high temperature geothermal anomalies: Experimental development and field operation[J]. Geothermics, 2023(110). DOI: 10.1016/j.geothermics.2023.102677.

[8]   TOHIDI G, HOLAGH S G, CHITSAZ A. Performance enhancement in hybrid static power generation by AMTEC–TEG systems: Energy, exergy, and interactions analyses and optimizations[J]. Energy Reports, 2022(8): 14771-14792.

[9]   GE L, LI H Q, SHAN J Q. Reliability and loading-following studies of a heat pipe cooled, AMTEC conversion space reactor power system[J]. Annals of Nuclear Energy, 2019(130): 82-92.

[10]   CHENG K L, WANG Y L, XU J, et al. A novel liquid metal MHD enhanced closed-Brayton-cycle power generation system for hypersonic vehicles: Thermodynamic analysis and performance evalua-

tion with finite cold source[J]. Energy Conversion and Management, 2022(268). DOI: 10.1016/j.enconman.2022.116068.

[11] YANG P Y, ZHANG B L, LI Y W, et al. Investigation of MHD power generation with supersonic non-equilibrium RF discharge[J]. Chinese Journal of Aeronautics, 2016, 29(4): 855-862.

[12] SINHA A A, CHOUDHARY T, ANSARI M Z, et al. Performance comparison and entropy generation of simple gas turbine with hybrid power cycle[J]. Materials Today: Proceedings, 2023(78): 390-395.

[13] GUNAWAN G, PERMANA D I, SOETIKNO P. Design and numerical simulation of radial inflow turbine of the regenerative Brayton cycle using supercritical carbon dioxide[J]. Results in Engineering, 2023 (17). DOI: 10.1016/j.rineng.2023.100931.

[14] LOU J W, WANG J F, XIA J X, et al. Thermodynamic analysis of open air Brayton cycle to predict radial turbine aerodynamic performance[J]. Applied Thermal Engineering, 202(219). DOI: 10.1016/j.applthermaleng.2022.119411.

[15] XU G Q, ZHAO G L, QUANG Y K, et al. Design and optimization of a radial-axial two-stage coaxial turbine for high temperature supercritical organic Rankine cycle[J]. Applied Thermal Engineering, 2023(227). DOI: 10.1016/j.applthermaleng.2023.120365.

[16] 韩世杰. 波音777发电系统设计[J]. 国际航空, 1994(5): 23-25.

超声速飞行器如何实现可靠电力保障

董苯思，北京航空航天大学航空发动机研究院副研究员，北航卓越百人计划、青年拔尖人才支持计划入选者。主要从事分布式能源核心动力、航空发动机综合能源管理等方面的研究。担任国家自然科学基金、某技术重大基础研究课题、国防科技重点实验室基金等项目负责人，"两机专项"国家重大科技专项专题负责人，发表 30 余篇 SCI、EI 论文，授权 10 余项国家发明专利。获得国防科学技术进步奖一等奖（12/15）等荣誉。

微型燃气涡轮发动机燃烧室

北京航空航天大学航空发动机研究院

张荣春

微型燃气涡轮发动机在民用领域和军用领域都有着广泛的应用，燃烧室是发动机的核心部件之一，是影响整机性能的关键因素。本文从微型燃气涡轮发动机的定义及应用、微型燃气涡轮发动机燃烧室的结构特点及研究进展出发，介绍微型燃气涡轮发动机燃烧室的常见喷油方式及对应的构型。

什么是微型燃气涡轮发动机

微型燃气涡轮发动机是重要的动力设备，可以将燃料的化学能转换为机械能。其典型结构如图 1 所示 [1-2]，主要包括压气机、燃烧室以及涡轮，根据不同的使用场景可能增加回热器与发电机等其他辅助设备。其工作原理如图 2 所示，微型燃气涡轮发动机工作时，首先由起动机带动压气机工作，压气机会持续吸入空气并进行压缩，然后压缩空气流入燃烧室与燃料进行掺混燃烧，燃烧产生的高温燃气推动涡轮做功，并通过转子由涡轮带动压气机进行工作；推动涡轮做功的高温燃气还会剩余大量的热量，此时会经过回热器与压气机压缩后的压缩空气进行换热，使得燃烧室的进口温度提高，降低燃烧室的温升并且减少燃料的使用量。

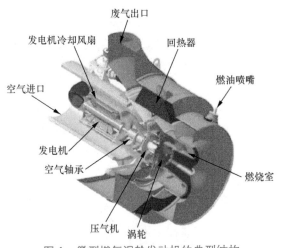

图 1　微型燃气涡轮发动机的典型结构

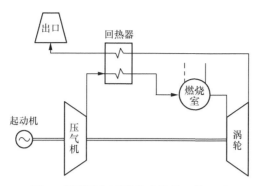

图 2　微型燃气涡轮发动机的工作原理

微型燃气涡轮发动机作为一种有着巨大发展潜力和重要作用的动力设备，其研制需要突破诸多关键技术，如紧凑型总体结构设计技术、高效燃烧技术、微小流量型的燃油喷射技术、低噪声和低污染排放技术、新型材料和加工工艺技术等[3]。

微型燃气涡轮发动机的广泛应用

近几十年来，为了满足军事装备、航空、船舶、电力等众多领域的应用需求，各国对微型燃气涡轮发动机开展了深入研究。相较于大中型的燃气涡轮发动机，微型燃气涡轮发动机有着自己独有的优点，在体积、质量、便携性、污染排放、噪声、燃油适应性、耗油率、使用寿命、维护成本等方面均具有巨大的优势[4-6]。

随着各国军事实力的不断发展，现代化战争体现出了局部性、快速性的特点。在这过程中，各大国不断加大对无人机、巡航导弹、精确制导炸弹以及军用应急保障供电系统的研发和投入。为了适应这种变化需求，要求燃气涡轮发动机的体积和质量不断变小。在此背景下，微型燃气涡轮发动机在军事领域的应用不断增大。例如，为精确制导武器装备提供动力装置，在航空飞机、坦克、雷达系统和舰船等大型军用设备上作为辅助动力装置或者应急供电系统，以及作为单兵或者部队指挥部的地面供电设备[4]。

民用领域上，微型燃气涡轮发动机凭借体积和质量上的优势，以及燃料适应范围广泛、维护和使用成本低等特点，不仅可以直接在城市中使用，而且在类似边远山区、农村偏远地区等环境恶劣条件下都能够方便、快速地安装使用；随着分布式能源建设的发展，微型燃气涡轮发动机也不断被运用到分布式发电技术上，如分布式电源的冷热电联产、分布式能源的热电联产等技术上[7-8]。微型燃气涡轮发动机可利用可再生的沼气和天然气作其燃料，并将产生的电力直接并入电网，践行国家绿色能源发展的理念[9]。

国外对微型燃气涡轮发动机已经开展了深入的研究[5-6,10-12]。Capstone、Elliott 和 Allied Signal 公司在 1995 年召开的美国动力学年会上联合推出了一款微型燃气涡轮发动机的样机，功率为 25 ～ 75 kW，获得了军事、电力等产业领域的广泛关注。随后多家公司开始研发制造同类型的微型燃气涡轮发动机。例如，Honeywell 公司研制的功率为 75 kW 的产品，Elliot 公司研制的功率分别为 45 kW 和 80 kW 的产品，Ingersoll Rand 公司研制的功率为 30 ～ 350 kW 的产品，通用电气公司研制的功率为 75 ～ 350 kW 的产品，以及英国 Bowman 公司研制的功率为 35 ～ 200 kW 的产品。此外，IHI、川崎、Williams International 和 ABB 等其他国外公司也进行了不同型号微型燃气涡轮发动机的研发和制造。

微型燃气涡轮发动机燃烧室的结构特点及研究进展

1. 微型燃气涡轮发动机燃烧室的结构形式

燃烧室作为燃气涡轮发动机的三大主要部件之一，燃烧室的设计和性能分析是燃气涡轮发动机研制的重要研究内容之一。常见的燃烧室有下面 3 种类型[13]。

（1）直流式环形燃烧室。优点：可以更好地控制燃烧室壁面厚度的变化，改善了应力分布，刚性好；无材料搭接，无焊接头，避免了应力集中和热点，减少了裂缝，延长了燃烧室寿命；能量损失小，迎风面积小。缺点：发动机轴向长度增加。

（2）回流式环形燃烧室。优点：压气机和涡轮可以使用短轴连接，大大缩短了发动机的长度，减轻了发动机的质量，增加了发动机的刚性，有利于提高发动机的临界转速；回流式环形燃料室气流通道较长，油气混合比较均匀，减少了污染物排放，降低了发烟度；对压气机出口速度分布不敏感。缺点：气流通道存在较大拐弯，造成的能量损失比较大。

（3）折流式环形燃烧室。优点：与甩油盘方式结合，充分利用空间尺寸，缩短了转子支点的距离；可以充分利用微型燃气涡轮发动机高转速的特点，离心甩油雾化效果好。缺点：发动机气流流量不能太大；气流流动损失较大；折流式环形燃烧室要做甩油角度、雾化试验，需要高速试验设备，设计测试困难。

在以上 3 类燃烧室中，回流式环形燃烧室在微型燃气涡轮发动机上的应用最广。图 3 所示为典型回流式环形燃烧室的截面，经过离心压气机压缩后的气流进入回热器中提高气流温度，气流经过 180°的环形弯管在燃

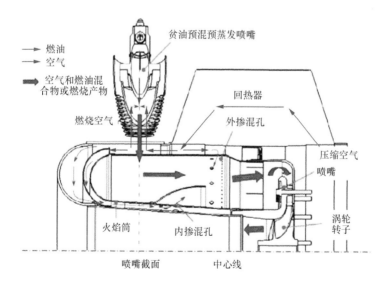

图 3 典型回流式环形燃烧室的截面

微型燃气涡轮发动机燃烧室

烧室内外环腔形成方向相反的两股气流，通过火焰筒上的进气孔进入火焰筒内，与燃油喷嘴喷入的燃油进行混合、组织燃烧[11]。

2. 微型燃气涡轮发动机燃烧室的结构设计研究进展

燃烧室作为微型燃气涡轮发动机的重要组成部分，结构和工作过程复杂，涉及湍流流动、两相流、化学反应等一系列问题。因此，需要对燃烧室进行深入研究，以提高燃烧室的工作性能，减少污染排放，提高工作寿命。

与传统燃烧室相比，微型燃气涡轮发动机的燃烧室设计存在着许多技术难点[14]：燃烧室结构紧凑、尺寸小，不易组织流动和燃烧；对比传统燃烧室，其面积容积比更大，导致传热损失增加；燃油流量相对常规燃烧室的流量小，对喷嘴和燃油系统设计要求更高；存在近壁面燃烧，需要更高效的冷却技术，提高燃烧室耐久性能；燃烧室长度短，燃气驻留时间短，油气混合燃烧时间短。

国内、外针对微型燃气涡轮发动机燃烧室开展了深入的研究[15]。在燃烧室总体结构方面：德国研制的微型燃气涡轮发动机，使用了直流式结构、蒸发管雾化，推力为 170 N 的发动机燃烧室出口温度能达到 1300 K，推重比为 4。法国 MicroTurbo 公司，专门研制微小型燃气涡轮发动机，在燃烧室设计方面，未采用常规的回流式环形燃烧室，而是采用了直流式环形燃烧室。德国 Karlsruhe 大学对微型燃气涡轮发动机燃烧室的低污染排放燃烧技术开展了深入研究。日本东京大学和美国麻省理工学院研制了尺度量级在 10 mm 的超微型燃气涡轮发动机，其燃烧室燃料使用的是氢气，燃烧室出口温度能够达到 1270 K。

现在国外主流的微型燃气涡轮发动机[11,15-16]，如 C30、FD384、KJ66、MK4、HP100、MW54、TJ100、KAMPS、HP3 的燃烧室采用的是回流式或者直流式结构，同时采用蒸发管和直射式的喷嘴进行供油和雾化。

在燃烧室性能分析方法方面，霍尼韦尔公司[17]早在 1998 年就开始开发一种用于燃气涡轮发动机燃烧室设计和分析的软件 ACT，基于 CFD 仿真技术，可以直接解决压气机出口至涡轮进口之间的整个流动问题。该软件适用单管式燃烧室、直流式环形燃烧室和回流式环形燃烧室的结构设计和分析。基于燃烧室的几何特征参数，直接进行模块化的三维建模和网格建立，能够有效减小设计周期。

在燃烧室设计方法方面，Fuligno 等[18] 基于 0-D 代码和 CFD 分析软件，对以甲烷为燃料的微型燃烧室进行了优化设计：以火焰筒开孔排列位置、开孔面积和燃烧室出口管道截面形状为变量，对 NO_x 排放、压力损失和燃烧室的出口模式因子进行最小化的调整设计。同时将这个优化设计方法用于贫油预混的单管式燃烧室的整体设计。

在燃烧室耐久性方面，Campos 等[10] 采用 CFD 仿真技术和燃烧室内部温度测量的试验数据进行对比的方法，对一种采用旋流器稳定燃烧的回流式环形燃烧室进行天然气燃烧的详细分析。通过对比发现：试验和计算数据能较好吻合，并且证实了旋流器在燃烧中起到了稳定火焰的作用。计算发现：开设更多的掺混孔并不能有效地延长燃料与氧化剂之间的混合过程，反而会存在近壁面温度偏高的问题，需要进一步采取有效冷却措施以提高燃烧室的耐久性。

在微型燃气涡轮发动机燃烧室出口温度分布方面，宗超等[19] 为解决微型燃气涡轮发动机燃烧室火焰长、出口温度分布不均匀的问题，开展了燃烧室头部和掺混孔结构的优化研究。采用数值计算研究了燃烧室流量分配对燃烧过程的影响。研究结果表明：采用旋流器结构和多孔 - 多段的掺混布置方式，能够有效地提高燃气和空气的混合均匀性，获得较好的出口温度分布。

3. 新型燃料微型燃气涡轮发动机燃烧室及低污染燃烧室

为研发适用于新型燃料的微型燃气涡轮发动机燃烧室，Cadorin 等[20] 采用数值模拟的方法对 Turbec T100 燃气涡轮发动机燃烧室进行了天然气和生物质合成气燃烧性能的分析。模拟结果表明：燃烧室的温度分布会受燃油分布的影响。将计算结果和相应的燃烧试验数据进行对比可以发现，使用简单的燃烧反应机理能够解释一些实际燃烧现象。

为降低燃烧室的污染物排放，满足相应的污染排放法规，Chen 等 [11]对 C30 微型燃气涡轮发动机进行了研究。将 3 个燃油喷嘴周向布置在燃烧室后端头部，能够将燃料和空气混合物以切向喷射进火焰筒。这种方式能够在火焰筒内部形成强烈的涡流效应，使主燃区的油气混合和温度分布更加均匀，实现了更充分的燃烧并达到了 NO_x 排放降低 62% 的目标。

微型燃气涡轮发动机燃烧室的燃油喷射方式及对应的燃烧室构型

根据雾化原理的不同，喷嘴通常分为几类：主要依靠供油压力雾化的压力雾化喷嘴，如直射式喷嘴、离心式喷嘴和回流式喷嘴；主要依靠气动力雾化的气动雾化喷嘴，如空气雾化喷嘴、气动喷嘴和气动辅助雾化喷嘴；主要依靠雾化装置旋转促使油液雾化的旋转喷嘴，如甩油盘式喷嘴和旋转杯式喷嘴；在喷嘴内直接产生燃油蒸发的蒸发管式喷嘴等。目前，在微型燃气涡轮发动机燃烧室上使用最广泛的主要是蒸发管式喷嘴、离心式喷嘴以及甩油盘式喷嘴 [8]。

1. 蒸发管供油方式及燃烧室构型

蒸发管在微型燃气涡轮发动机上有广泛的应用。蒸发管可分离液体燃料的蒸发汽化过程和燃烧过程，让燃料的蒸发汽化过程先于燃烧过程发生，在燃烧前使燃料完全蒸发并以气体状态实现与空气的均匀混合。

对于蒸发管供油方式，罗尔斯－罗伊斯公司、NASA 的刘易斯研究中心、通用电气公司等以及国内的科研院所相继做了大量的测试和研究 [3,14-15,16-17]。研究表明：蒸发管供油方式具有适应低油压、燃料适应性强和结构简单等许多优异的性能。但同时也有贫熄性能差、对流量变化回应慢、高空再点火需借助外部设备、机械可靠性差等的缺点。

北航的研究人员针对 I 型和 Γ 型蒸发管（见图 4）开展的研究发现：对于这两种蒸发管，在沿出口截面存在一个最佳距离，该处的雾化性能最佳；随着气液比的增加，液滴雾化后的液滴粒径变小，同时液滴尺寸分布变得更加均匀，如图 5 所示。设计的蒸发管式微型燃气涡轮发动机燃烧室结构及流场分布，如图 6 和图 7 所示，实现了燃烧室的可靠点火、稳定燃烧。

图 4　I 型蒸发管与 Γ 型蒸发管结构

图 5　蒸发管雾化性能随气液比增大的变化

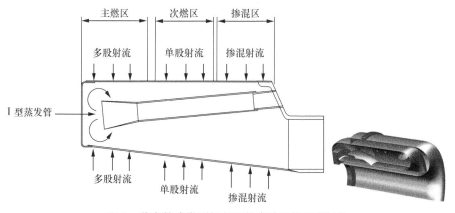

图 6　蒸发管式微型燃气涡轮发动机燃烧室结构

图 7　蒸发管式微型燃气涡轮发动机燃烧室流场分布

2．离心喷嘴供油方式及燃烧室构型

离心喷嘴属于压力雾化喷嘴中的一种，图 8 所示为典型的离心喷嘴结构。进入离心喷嘴的燃油做切向运动，在喷嘴出口，旋转的燃油同时有轴向速度和切向速度，形成空心液膜，液膜失稳会形成液雾，压力不同，将形成不同的形态。

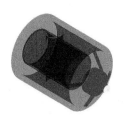

图 8　典型的离心喷嘴结构

对于离心喷嘴供油方式，研究人员开展了大量研究，Jeng 等[21-22] 采用新型数值模拟方法追踪了气液交界面，通过气液交界面预测了喷嘴出口处液膜的变化以及喷雾锥角；采用试验与数值模拟结合的方法研究了喷嘴的结构参数对出口液膜厚度、喷雾锥角以及出口速度的影响。

北航的研究人员针对离心喷嘴开展了研究，雾化研究的结果如图 9 所示，发现离心喷嘴工作时，喷嘴出口处存在一个与外界大气相通的空气中心涡，燃料从喷口呈膜状旋转喷出；流量越大，喷嘴空气芯的体积越大。基于雾化研究结果设计的离心喷嘴式微型燃气涡轮发动机燃烧室结构及燃油扩散轨迹，如图 10 所示，实现了微型燃气涡轮发动机燃烧室的高效燃烧。

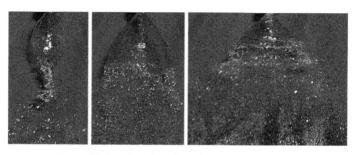

图 9　供油压力增大对离心喷嘴雾化性能的影响

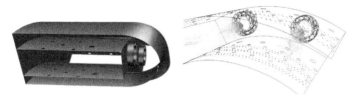

图 10　离心喷嘴式微型燃气涡轮发动机燃烧室结构及燃油扩散轨迹

3. 甩油盘供油方式及燃烧室构型

甩油盘是一种旋转雾化器，具有结构简单、质量轻、流量上限高等优点，甩油盘的构型、直径，出孔的形状、大小、长度、数量、布局等均会对其液雾特性产生影响，进而影响微型燃气涡轮发动机燃烧室的设计[23-24]。典型甩油盘如图 11 所示。

图 11　典型甩油盘

对于甩油盘供油方式[24-26]，Morishita 对多种结构甩油盘进行了试验研究。研究结果表明：旋转圆盘型甩油盘的喷雾液滴平均直径小于出孔型甩油盘。Dahm 等[25] 对不同出孔形状、大小的甩油盘雾化特性进行了研究，认为甩油盘出孔内液体分为薄膜与液流两种形态，出孔外液体破碎方式又分为次临界与超临界两种破碎模式。

北航的研究人员针对甩油盘供油方式开展了研究，分析了燃油流量对液体形态的影响，如图12所示[24,26]：当燃油流量较小时，顶部圆盘边缘液体呈现液柱形态，液柱长度随着流量增大而增大；当燃油流量较大时，薄膜状态消失，出现液柱与液膜交替出现的柱膜纠缠形态。基于甩油盘结构及雾化性能研究设计的甩油盘式微型燃气涡轮发动机燃烧室结构及燃油扩散轨迹，如图13所示，实现了低转速条件下的稳定燃烧。

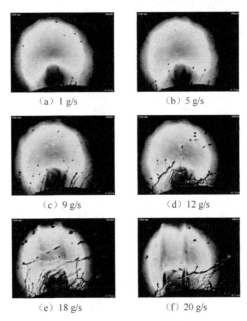

(a) 1 g/s   (b) 5 g/s

(c) 9 g/s   (d) 12 g/s

(e) 18 g/s   (f) 20 g/s

图 12　燃油流量对液体形态的影响

图 13　甩油盘式微型燃气涡轮发动机燃烧室结构及燃油扩散轨迹

结语

微型燃气涡轮发动机具有结构紧凑、尺寸小、环境适应性高等优点，在军用领域和民用领域都得到了广泛应用。燃烧室作为其重要的组成部件，对燃气涡轮发动机的性能有重要影响。

蒸发管、离心喷嘴、甩油盘供油方式在微型燃气涡轮发动机燃烧室上有着广泛的应用，基于这3类喷油方式的微型燃气涡轮发动机燃烧室的结构及性能研究，可以提出高效、紧凑的微型燃气涡轮发动机燃烧室设计方法，有助于微型燃气涡轮发动机的研发，为新型动力、能源系统的构建提供支撑。

参考文献

[1] GIMELLI A, SANNINO R. Thermodynamic model validation of Capstone C30 micro gas turbine[J]. Energy Procedia, 2017(126): 955-962.

[2] 马丽娜. 微型燃气轮机C30气体排放实验研究[D]. 徐州: 中国矿业大学, 2014.

[3] 吕雪燕, 罗艳春, 任博. 微型涡喷发动机技术及应用[J]. 科技展望, 2015(18): 148.

[4] 秦秀娟, 俞凯. 论微型燃气轮机在军民两用市场的发展前景[J]. 中国科技纵横, 2014(15): 55-56.

[5] 谢哲. 现阶段我国微型燃气轮机发展与应用推广[J]. 科技与创新, 2018(8): 160-161.

[6] 徐庆邮. 微型燃气轮机的发展, 技术特点及市场应用[J]. 上海电力, 2009(5): 355-357.

[7] 翁一武, 闻雪友, 翁史烈. 燃气轮机技术及发展[J]. 自然杂志, 2017, 39(1): 43-47.

[8] ALANNE K, SAARI A. Distributed energy generation and sustainable development[J]. Renewable & Sustainable Energy Reviews, 2006,

10(6): 539-558.

[9]   GREENE N, HAMMERSCHLAG R. Small and clean is beautiful: exploring the emissions of distributed generation and pollution prevention policies[J]. Electricity Journal, 13(5): 50-60.

[10]   LANGSTON L S. Gas turbine industry overview[M]. Global Cas Turbine News, 1999, 6(2):15-16.

[11]   CHEN J, MITCHELL M G, NOURSE J G, et al. Development of ultra-low emission liquid fuel-fired microturbine engines for vehicular heavy duty applications[C]//ASME Turbo Expo 2009: Power for Land, Sea, and Air. New York: ASME, 2009: 281-289.

[12]   DE CAMPOS A P V, FILHO F L S , FILHO G C K . Design analysis of a micro gas turbine combustion chamber burning natural gas[C]// ASME Turbo Expo: Turbine Technical Conference & Exposition. New York: ASME, 2012: 797-805.

[13]   陈光. 航空燃气涡轮发动机结构设计[M]. 北京: 北京航空航天大学出版社, 1988.

[14]   宁建华. 微型热机、烯气涡轮、火箭发动机——美国麻省理工学院(MIT) 微型发动机研究计划[J]. 火箭推进, 2004, 30(3): 42-52.

[15]   DE PAEPE W, CARRERO M M, BRAM S, et al. Towards higher micro gas turbine efficiency and flexibility: humidified mgts-a review[J]. Journal of Engineering for Gas Turbines and Power: Transactions of the ASME, 2018, 140(8). DOI: 10.1115/1.4038365.

[16]   张韬. 微型涡喷发动机燃烧室性能的研究[D]. 北京: 北京航空航天大学, 2011.

[17]   LAI M K, REYNOLDS R S, ARMSTRONG J. CFD-based, parametric, design tool for gas turbine combustors from compressor deswirl exit to turbine inlet[C]//ASME Turbo Expo 2002: Power for Land, Sea,

and Air. New York: ASME, 2002. DOI: 10.1115/GT2002-30090.

[18] FULIGNO L, MICHELI D, POLONI C. An integrated design approach for micro gas turbine combustors: preliminary 0-D and simplified CFD based optimization[C]//ASME Turbo Expo 2006: Power for Land, Sea, and Air. New York: ASME, 2006. DOI: 10.1115/GT2006-90542.

[19] 宗超, 朱彤. 某100kW微燃机燃烧室结构优化及数值模拟[J]. 燃烧科学与技术, 2017, 23(1): 68-74.

[20] CADORIN M, PINELLI M, VACCARI A, et al. Analysis of a micro gas turbine fed by natural gas and synthesis gas: test bench and combustor CFD analysis[J]. Journal of Engineering for Gas Turbines and Power: Transactions of the ASME, 2011. DOI: 10.1115/1.4005977.

[21] SAKMAN A, JHA S, JOG M, et al. A numerical parametric study of simplex fuel nozzle internal flow and performance[C]//34th AIAA/ASME/SAE/ASEE Joint Propulsion Conference and Exhibit. Reston, VA: AIAA, 1998. DOI: 10.2514/6.1998-3906.

[22] JENG S M, JOG M A, BENJAMIN M A. Computational and experimental study of liquid sheet emanating from simplex fuel nozzle[J]. AIAA Journal, 1998, 36(2): 201-207.

[23] LEFEBVRE A. Fifty years of gas turbine fuel injection[J]. Atomization and Sprays, 2000, 10(3-5): 251-276.

[24] 覃文隆, 樊未军, 张荣春, 等. 甩油盘系统内部流场数值模拟[J]. 推进技术, 2019, 40(3): 593-601.

[25] DAHM W J A, PATEL P R, LERG B H. Analysys of liquid breakup regimes in fuel slingler atomization[J]. Atomization and Sprays, 2006, 16(8): 945-962.

[26] 覃文隆, 樊未军, 石强, 等. 垂直旋转圆盘边缘液体形态[J]. 北京航空航天大学学报, 2019, 45(6): 1203-1209.

微型燃气涡轮发动机燃烧室

张荣春，北京航空航天大学航空发动机研究院副研究员、博士生导师。主要研究方向为航空发动机 /TBCC 发动机 / 微型燃气涡轮发动机燃烧室设计。主持了国家自然科学基金面上项目和青年项目、军委科技委项目、国家重大科技专项重大项目课题、中国博士后科学基金特别资助项目和面上资助项目等科研项目。国际期刊 *International Journal of Aerospace Engineering* 编委。担任多个国际会议的技术委员会委员。以第一 / 通信作者身份发表论文 60 余篇，其中 JCR Q1 区论文 20 余篇，申请 / 授权国家发明专利 10 余项。获全国创新争先奖团队奖，国防科技进步奖一等奖、三等奖各 1 项等荣誉。

燃烧的幽灵：航空发动机中的燃烧振荡

北京航空航天大学航空发动机研究院

韩 啸

燃烧室是航空发动机的核心部件之一，通过燃烧反应将燃料的化学能转换为热能，是发动机的动力源泉。然而，燃烧室极高的释热强度容易与容腔声波耦合导致燃烧振荡，直接危害航空发动机安全运行。燃烧振荡如同"幽灵"一般，捉摸不定，难以消除。本文将介绍燃烧振荡的基本原理和控制方法，以及研究团队近年来在该领域的工作进展。

什么是航空发动机和燃烧室

航空发动机是一种为航空器提供飞行所需动力的高度复杂和精密的动力机械。作为飞机的心脏，航空发动机直接影响飞机的性能、可靠性及经济性，是一个国家科技、工业和国防实力的重要体现。航空发动机的技术门槛很高，世界上能够独立研制高性能航空发动机的国家目前只有美国、俄罗斯、英国、法国等少数几个国家。对于民用大飞机来说，大涵道比涡扇发动机是最核心的关键部件之一。我国首个国产大涵道比涡扇发动机CJ-1000A正在紧张研发中，性能将达到国际先进水平。

航空发动机的基本工作原理遵循布雷顿循环，即空气经风扇和压气机压缩后在燃烧室内与燃料充分混合燃烧，形成高温高压燃气推动涡轮做功。燃烧室是其中的核心部件，也是决定航空发动机污染排放和安全工作的关键。现代航空发动机的燃烧室基本都采用环形燃烧室结构，就是围绕发动机主轴一圈，大概由 15 ～ 30 个头部组成，单个头部就叫作单头部燃烧室。如图 1 所示，一般航空发动机轴向长度是数米级别，但燃烧室轴向长度仅有 200 ～ 300 mm，单头部的横截面积不过半张 A4 纸大小，相对于整个发动机的尺寸来说显得非常小，可以算作是航空发动机的"小蛮腰"了。

为了降低研发风险，节省研发成本，燃烧室的研发是一个从少到多、从简单到复杂的过程。一般从单头部燃烧室开始，逐渐过渡到全环燃烧室乃至航空发动机整机测试（见图 2），技术成熟度一共分为 9 级。一般来说，限于试验条件和经费，高校主要集中在 1 ～ 3 级，研究所和企业大概可以到 6 ～ 9 级。

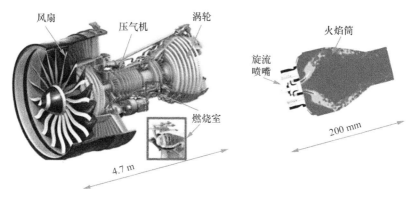

图 1　航空发动机与燃烧室

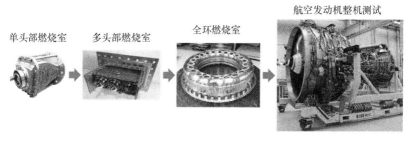

图 2　航空发动机燃烧室研发过程

　　燃烧室尺寸虽然很小，但是内部的构型非常精巧（许多关键尺寸都在 1 mm 以内），设计自由度非常大。在给定的要求和有限空间内，可以有很多种设计方案，现役发动机的燃烧室结构也往往差别很大。如图 3 所示，GE 公司的 TAPS 燃烧室采用贫油燃烧方案，而普惠公司的 TALON 燃烧室采用富油 – 焠熄 – 贫油方案，二者都能达到低排放的目标，算得上殊途同归了。从图 3（b）所示的燃烧室可以明显地看到中间一股射流截断了火焰，这就是 TALON 燃烧室的技术难点之一——焠熄，而图 3（a）所示的贫油燃烧室则相对更均匀。

（a）TAPS燃烧室　　　　　　　　（b）TALON燃烧室

图 3　两种典型航空发动机燃烧室

燃烧室的工作环境极其恶劣。其进口对应高压压气机的出口，空气来流达到几十个大气压、数百摄氏度。几十个大气压什么概念呢？比如国产发动机 CJ-2000AX 验证机的起飞工况达到 40 个大气压以上，相当于 400 m 深的水压。除此之外，压气机出口的空气流速高达 130 ～ 170 m/s，而 12 级台风也才 32 m/s。为了稳定火焰，燃烧室大多采用旋流器作稳焰装置，内部流场（湍流＋强旋流）极度复杂，相当于在巴掌大的地方制造龙卷风，且要求持续高效燃烧（燃烧效率一般要求高达 99.9% 以上），难度可想而知。

什么是燃烧振荡

燃烧振荡也称燃烧不稳定性，是一种热声振荡现象，是指在确定的声边界情况下，火焰的非定常释热与系统声学扰动的耦合自发形成的自激振荡，表现为燃烧室内压力大幅脉动，且常常集中在窄带的频率范围内，这些特征频率往往是一个或多个系统的自然共振频率[1]。燃烧振荡可以引发热端部件的结构振动，造成燃烧室和涡轮结构损坏（见图 4），直接危害发动机的安全运行。这一现象广泛存在于火箭发动机、航空发动机、地面燃气轮机、锅炉等各类型燃烧装置中。与一般的稳态燃烧问题不同，燃烧振荡是一个时空耦合的非稳态现象，形成机理复杂、危害显著、控制困难，还特别容易出现偶发现象，如同"幽灵"一般，是困扰人类近七十年的世界难题。李磊等[2]对燃烧不稳定性产生的机理、预测方法和控制策略进行了系统综述。

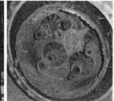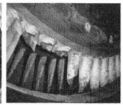

断裂的
头部端壁

图 4　燃烧振荡造成燃烧室和涡轮结构损坏的实例

产生热声振荡的最重要条件是燃烧系统的非定常释热和压力脉动满足瑞利准则[3]。瑞利准则的物理表达：对于一团气体，在其压缩程度最大时加入热量，或者在其膨胀程度最大时抽取热量，则气体的振动是被驱动的；反之，则气体的振动是被抑制的。

燃烧系统发生热声振荡的核心机理：火焰非定常燃烧产生释热脉动，造成局部密度变化，产生压力脉动，也就是声波（火焰产生声音）；声波经过系统声学反馈到燃烧室上游，形成速度脉动；速度脉动进一步扰动了火焰（如果是部分预混系统，还会造成当量比脉动），造成火焰释热脉动。当上述循环形成正反馈，即满足瑞利准则时，燃烧就向压力脉动输入能量，造成压力脉动继续放大，直到与系统的声学阻尼相平衡，达到极限环状态为止。此时，燃烧系统就变为稳定的周期性的大幅压力脉动和释热脉动。

当然，满足了瑞利准则并不是说就一定会发生热声振荡。Kim[4]统计了大量的数据，发现燃烧不稳定性只在释热率脉动和压力脉动同相时发生，即相位差小于90°，并且大量的数据集中在释热率脉动和压力脉动的相位差为0°附近。与此相反，当两种脉动不同相时，不发生自激振荡。但依然有很多数据点满足脉动同相的要求，却只有非常低的压力脉动幅值。Kim由此认为瑞利准则是发生燃烧不稳定性的必要条件，但却不是充分条件，这主要是由下面 3 方面因素造成的：① 未考虑声能耗散；② 未考虑熵波和涡波造成的释热脉动；③ 未考虑不同不稳定性驱动机理的作用。

燃烧振荡现象有哪些主要机理和模态

除了热声振荡核心机理，燃烧室发生自激振荡的主要机理还包括图 5 所示的燃料流量脉动、空气流量脉动、燃油雾化与蒸发混合的脉动、当量比脉动、火焰面积脉动、旋涡脱落等[1]。但这些机理之间有相似之处，例如，前 3 种机理的共同作用造成了进入燃烧室的当量比脉动，这一脉动会对流传播至火焰锋面，造成火焰释热脉动。在当量比脉动与释热脉动之间，存在延迟时间。Lieuwen 等[5] 对此进行了详细阐述。后两种则是火焰受到旋涡和声波扰动，引起火焰结构变化（如张角变化、火焰皱褶、火焰拉伸等），从而造成释热脉动。

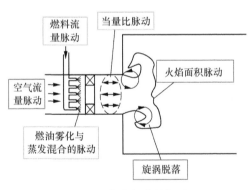

图 5　自激振荡的机理

燃烧室的自激振荡一般都与系统声学有密切的关系。Dowling 等[6] 曾经指出，燃烧不稳定性的振荡频率并不完全等于燃烧系统的声学频率，但二者非常接近。由于燃烧系统具有不同的声学模态，对应不同的自然声学频率，因此燃烧不稳定性也呈现不同的振荡模态。对于贫油预混燃烧室（单头部）而言，常见的模态有下面几种。

（1）轴向模态：频率一般为 300 ～ 700 Hz，频率主要受声速和系统轴向长度影响。

（2）亥姆霍兹模态：当燃烧室的旋流器和火焰筒构成了类似于亥姆霍兹共振器的声学容腔，则容易发生亥姆霍兹模态，频率主要受上述声学容腔共振频率的影响。

（3）熵波模态：频率一般低于 200 Hz。

（4）固有模态：也称内生模态，频率一般较低。固有模态是最近几年新发现的燃烧振荡模态，其振荡频率与系统自然声学频率均不相同。

燃烧振荡有哪些控制方法

热声振荡的控制方法主要包括主动控制[7]和被动控制。主动控制主要是通过增加人工的高频作动器，对燃烧系统的空气流量或燃料流量进行调制，以破坏自激振荡时声波和非定常释热的耦合关系。主动控制分为开环控制和闭环控制，往往需要通过传感器获取燃烧系统内的振荡信号，并根据一定的控制算法让作动器产生相应的脉动规律。该系统较为复杂，且高频作动器也存在失效风险，一般不用在航空发动机上。

被动控制则是通过增加固定的结构件，通过改变燃烧系统的声学或流动等结构，实现对热声振荡的规避或抑制。常见的被动控制方法主要有两类：一类方法是增加声学元件（如四分之一波长管或亥姆霍兹共振器），用以增加对特定频率的声波的阻尼和耗散，进而抑制振荡。例如，通用电气公司的地面燃机就曾使用了 17 根四分之一波长管进行调制[1]，Yang 等[8]研究了亥姆霍兹共振器对热声振荡的抑制效果和优化。此外，声衬有时也配合凹腔使用：一方面能够增加声学阻尼；另一方面声衬的加入也同时改变了系统声学的固有频率，进而可以避开容易振荡的频率[9]。这两种声学元件都需要经过仔细的设计和现场调试，也常占用额外的空间，而且往往还受到环境温度等的影响，因此主要在地面燃烧系统中使用。

另一类方法则主要从火焰动力学方面入手，紧密围绕燃烧室做一些局部结构的调整，直接改变火焰的动力学特性，从而实现热声振荡的抑制。该方法不使用作动器，且燃烧室体积和质量的增加也有限，可以广泛应用于航空发动机和地面燃烧系统。被动控制主要包括以下几种策略。

（1）对燃料喷嘴的结构和喷射位置进行优化，改变当量比脉动延迟时间。例如，英国罗尔斯－罗伊斯公司基于使用气态燃料的 Trent 60 燃气轮机，试验了图 6 所示的 4 种燃料喷射和掺混方式，目的是减小当量比脉动幅值，改变当量比脉动延迟时间[10]。最终发现：图 6（d）所示方案的当量比脉动响应最低，以该方案为思路的优化方案相对原始方案显著降低了热声振荡幅值。

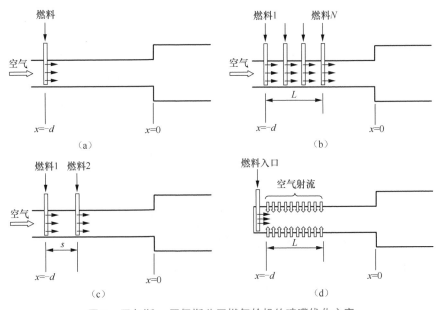

图 6　罗尔斯－罗伊斯公司燃气轮机的喷嘴优化方案

（2）改变火焰响应的延迟时间（也就是改变火焰的相位关系），破坏非定常释热和声波之间的耦合关系。例如，Noiray 等[11]在一个多火焰的燃烧器中，使用动态相位转换器技术，通过控制燃烧器内旋涡脱落的对流传播距离，调整相邻火焰非定常脉动的相位关系，有效地降低了整体释热率脉动，抑制了热声振荡。另外，改变燃烧器旋流通道流速也可以作为一种被动控制的方法。例如，Lieuwen 等[12]通过研究延迟时间与振荡周期的关系发现：随着进口流速的变化，燃烧系统会从不稳定区间进入稳定区间。但这种方法需要兼顾各个工况的热声稳定性以及其他的燃烧性能要求。

（3）改变火焰的局部气动热力结构，进而改变火焰响应特性。例如，Labry 等[13]提出微喷射（microjet）方案，在旋流通道末端开设与旋流方向相反的若干小孔，通过小孔喷入空气形成微射流，改变了旋流内剪切层的旋涡脱落，进而起到抑制热声振荡的作用。浙江大学周昊等[14]针对 Rijke 管的热声振荡现象，提出了在靠近火焰根部的区域使用横向射流控制热声振荡的方法，也取得了较好的效果。

（4）改变火焰筒的限制域结构，消除或减弱角涡区的大尺度旋涡脱落。Schadow 等[15]早在 20 世纪 90 年代就提出了阶梯限制域结构。通过阶梯状的扩张结构避免了限制域的突然扩张，削弱了大尺度旋涡结构，实现了对热声振荡的抑制。类似地，Agrawal 等[16]提出使用多孔介质材料填充到旋流燃烧器的角涡区，起到稳定火焰抑制热声振荡的作用，如图 7 所示。值得注意的是，由于使用的是多孔介质材料，预混气可以进入材料内，在材料末端表面形成若干伴流小火焰。

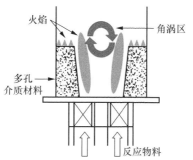

图 7　使用多孔介质材料填充角涡区

燃烧的幽灵：航空发动机中的燃烧振荡

根据上述分析，基于火焰动力学的被动控制方法选择空间较大，结构形式多样，且一般不给燃烧室增加太多的体积或质量，适合航空发动机的应用场景。其基本原理主要是改变对流延迟时间（相位关系）或改变火焰响应强度（增益）两类，也或是二者同时改变（例如，对头部方案进行整体优化），对系统声学特性改动不大。将优化改进集中在燃烧室本身，削弱贫油预混火焰的脉动性，这就增强了燃烧室的适用范围，减小了现场调试的工作量。

燃烧振荡有哪些新发现

近 10 年来，北航航空发动机研究院燃烧研究团队在林宇震教授、张弛研究员的带领下，针对旋流火焰的燃烧振荡开展了系统的研究，取得了一系列创新成果，在燃烧学和流体力学等领域知名期刊发表数十篇高水平论文。主要的新发现包括下面几个方面。

1. 低排放燃烧室燃烧不稳定性规律

团队基于一款真实的低排放燃烧室（见图 8），在接近真实工况的高温高压条件下开展了大量基础应用研究，揭示了低排放燃烧室的非定常释热机理，在国内首次获取了高温高压条件下的火焰响应，并结合范德波尔模型解释了火焰的非线性响应。研究发现，低排放燃烧室对进口空气温度非常敏感，在 570 K 附近，温度仅变化 10 K，燃烧室就从稳定燃烧转为剧烈的振荡燃烧。团队通过理论和模型分析，指出造成该超临界分岔现象的主要机理是对流延迟时间的改变，并通过低阶热声模型复现了系统稳定性转变的过程，与试验结果吻合良好 [17]。团队还研究了进口扩压器对燃烧室振荡的影响机制 [18]。上述研究为国产航空发动机低排放燃烧室规避燃烧振荡提供了支撑。

图 8　低排放燃烧室

2. 分层旋流火焰非定常燃烧机理

实际的燃烧室工作在高温高压环境下，气动热力过程极其复杂，而国内外已有的相关基础研究往往针对非常简单的模型燃烧器，难以直接反馈给工程应用。针对这一困境，团队基于前期项目经验，立足工程研发实际，对低排放燃烧室几何结构进行简化，同时保留了主要的气动热力特征，研制出北航轴向旋流独立分层（Beihang axial swirler independently-stratified，BASIS）燃烧器，如图 9 所示。这一模型燃烧器填补了工程研究与基础研究之间的空白，既便于开展精密光学测量，又能将获得的试验结果和机理应用于工程实际。

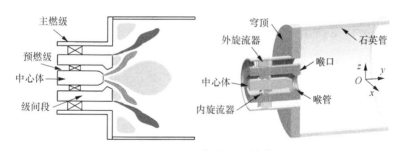

图 9　BASIS 燃烧器的结构

在"两机"专项基础研究"低排放分区燃烧组织"项目的支持下，团队基于 BASIS 燃烧器，系统地研究了分层旋流火焰的稳火机制和非定常释热机理，总结了分层旋流火焰的典型结构。主要成果包括：① 建立了火焰宏观结构与燃烧振荡的关联，发现预燃级火焰对全局火焰的驻定和热声稳定性起主导作用[19]；② 阐述了分层旋流火焰主预燃级火焰的稳火机制，首次揭示了分层旋流火焰非线性拍振的机理，发现主燃级部分预混程度会导致火焰热声振荡由轴向模态转为亥姆霍兹模态[20]；③ 基于 OpenFOAM 软件开展了大涡模拟研究，在国内首次获取了分层旋流火焰的火焰传递函数和火焰动态演变过程，揭示了主预燃级的非线性耦合关系，发现限制域对扰动传播的阻尼作用；④ 结合中心分级燃烧室中火焰动态演变和流场测试，揭示出角涡区旋涡与主燃级火焰的强烈耦合是主要的释热脉动源项。这些研究成果得到了国内外同行广泛关注，与帝国理工学院、清华大学、上海交通大学、西安交通大学、厦门大学等机构建立了合作。

3. 人工智能在燃烧振荡领域的创新应用

团队构建了分层旋流燃烧时均火焰和瞬时火焰自发光图像的大规模数据集，该数据集来自 BASIS 燃烧器，包含了不同燃烧室几何、工况条件下的火焰形态，是目前已知最丰富的分层旋流火焰燃烧振荡自发光图像数据集。基于此数据集，本团队开展了火焰特征提取、燃烧振荡监控等多项人工智能研究[21-22]：基于全连接神经网络和卷积神经网络，实现了基于平均火焰图像的特征提取和燃烧振荡预报，有望能通过火焰微变结构的精细识别，实现提前 100 ms 量级的燃烧振荡预警。团队还实现了神经网络的迁移学习，具有对陌生燃烧器结构的预测能力。

燃烧振荡有哪些新的控制方法

近年来，北航航空发动机研究院燃烧研究团队在燃烧振荡的控制方法上，提出了一些创新方法，在声学阻尼和火焰动力学方面取得了较好的效果。

1. 超紧凑亥姆霍兹共振器

常见的声学阻尼元件有声衬和亥姆霍兹共振器等。亥姆霍兹共振器的工作原理类似弹簧，通过不断地压缩和膨胀内部的空气，起到消耗声波能量的作用，其对特定频率的声波吸声能力更强，设计相对简单。常规亥姆霍兹共振器的外形像一个带果柄的苹果，胖肚子瘦脖子，体积较大，不适合航空发动机这种高度紧凑的装备。燃烧室的环腔仅有几十毫米的空隙，能否设计非常规的紧凑亥姆霍兹共振器呢？团队仿造千层饼的做法，把"脖子"缩进"肚子"，把"肚子"拍扁成"薄饼"，大幅降低了亥姆霍兹共振器的厚度，最终实现了超薄亥姆霍兹共振器的设计[23]，如图 10 所示。经过验证，该共振器依然具有很好的阻尼效果，可以实现对燃烧振荡的有效抑制。这个方法已经应用于团队所在的实验室，使用效果良好。后来也应用在了某民营企业的燃烧类产品中，解决了该产品发生的燃烧振荡问题。未来，这个方法也可以应用到真实的航空发动机低排放燃烧里，就像创可贴一样，愈合燃烧振荡带来的"创伤"。

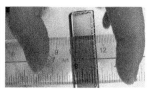

图 10　厚度仅 1 cm 的超薄亥姆霍兹共振器

2. 燃烧振荡"防振环"控制技术

通过大量系统的基础研究，团队原创性提出基于火焰动力学的燃烧控制方法，削弱主燃级出口旋涡脱落强度，减弱火焰释热脉动的强度，从而达到控制燃烧振荡的作用。根据这一思想，团队发明了"防振环"控制技术，将原有突然扩张的火焰筒改为逐渐扩张的圆锥形，削弱旋涡脱落强度，减小火焰受旋涡扰动产生的释热脉动。该技术已在模型燃烧器上得到充分验证，在宽工况范围内，对包括甲烷、氢气在内的常见燃料都能起到显著效果，压力脉动幅值降低 90% 以上。团队结合流场测试、大涡模拟和理论分析阐明了防振环的抑制机理，主要降低了火焰释热响应增益，可以在宽工况范围内发挥抑制作用，已应用于某型国产发动机燃烧振荡专项攻关，取得了显著的效果。防振环技术在航空发动机、燃气轮机、地面锅炉等领域具有很大的应用前景 [24-26]。

结语

低排放燃烧室是民用航空发动机的核心部件之一，但其面临燃烧振荡的安全挑战，必须予以攻克。本文回顾了燃烧振荡的基本原理、主要机理和控制方法，也介绍了北航航空发动机研究院燃烧研究团队近年来在燃烧振荡的机理和控制方法上的新发现和新成果。相信在国家的持续关注和大力支持下，在主机厂、高校、研究所等科研机构的协力攻关下，一定可以攻克燃烧振荡关键瓶颈技术，为我国民用航空发动机的发展提供支撑。

参考文献

[1]　LIEUWEN T C, YANG V. Combustion instabilities in gas turbine engines: operational experience, fundamental mechanisms, and modeling[M]. Veston, VA: AIAA, 2005.

[2]　李磊, 孙晓峰. 推进动力系统燃烧不稳定性产生的机理预测及控制方法[J]. 推进技术, 2010, 31(6): 710-720.

[3]　RAYLEIGH L. The explanation of certain acoustical phenomena[J]. Nature, 1878, 18(455): 319-321.

[4]　KIM K T. Combustion instability feedback mechanisms in a lean-premixed swirl-stabilized combustor[J]. Combustion and Flame, 2016(171): 137-151.

[5]　LIEUWEN T, ZINN B T. The role of equivalence ratio oscillations in driving combustion instabilities in low NOx gas turbines[J].

Symposium (International) on Combustion, 1998, 27(2): 1809-1816.

[6]　DOWLING A P, STOW S R. Acoustic analysis of gas turbine com-
bustors[J]. Journal of Propulsion and Power, 2003, 19(5): 751-764.

[7]　WEI W, WANG J, LI D-H, et al. Feedback control of combustion
oscillations in combustion chambers[J]. Communications in Nonli-
near Science and Numerical Simulation, 2010, 15(11): 3274-3283.

[8]　YANG D, SOGARO F M, MORGANS A S, et al. Optimising the
acoustic damping of multiple Helmholtz resonators attached to a
thin annular duct[J]. Journal of Sound and Vibration, 2019(444):
69-84.

[9]　秦皓, 付镇柏, 林宇震, 等. 基于燃烧室压力振荡的火焰筒结构优化
[J]. 航空动力学报, 2015, 30(5): 1076-1083.

[10]　SCARINCI T, FREEMAN C. Passive control of combustion
instability in a low emissions aeroderivative gas turbine [C]//ASME
Turbo Expo 2004: Power for Land, Sea, and Air. New York: ASME,
2004: 487-499.

[11]　NOIRAY N, DUROX D, SCHULLER T, et al. Dynamic phase
converter for passive control of combustion instabilities[J].
Proceedings of the Combustion Institute, 2009, 32(2): 3163-3170.

[12]　LIEUWEN T, TORRES H, JOHNSON C, et al. A mechanism of
combustion instability in lean premixed gas turbine combustors[J].
Journal of Engineering for Gas Turbines and Power, 2001, 123(1):
182-189.

[13]　LABRY Z A, SHANBHOGUE S J, SPETH R L, et al. Flow structures
in a leanpremixed swirl-stabilized combustor with microjet air inje-
ction[J]. Proceedings of the Combustion Institute, 2011, 33(1): 1575-
1581.

[14] 周昊, 李国能, 岑可法. 基于横向射流的旋流燃烧器热声不稳定控制 [J]. 燃烧科学与技术, 2010, 16(3): 204-209.

[15] SCHADOW K, GUTMARK E, WILSON K, et al. Multistep dump combustor design to reduce combustion instabilities[J]. Journal of Propulsion and Power, 1990, 6(4): 407-411.

[16] SEQUERA D, AGRAWAL A K. Passive control of noise and instability in a swirl-stabilized combustor with the use of high-strength porous insert[J]. Journal of Engineering for Gas Turbines and Power, 2012, 134(5). DOI: 10.1115/1.4004740.

[17] HAN X, LAERA D, MORGANS A S, et al. Inlet temperature driven supercritical bifurcation of combustion instabilities in a lean premixed prevaporized combustor[J]. Experimental Thermal and Fluid Science, 2019(109). DOI: 10.1016/j.expthermflusci.2019.109857.

[18] HAN X, YANG D, WANG J, et al. The effect of inlet boundaries on combustion instability in a pressure-elevated combustor[J]. Aerospace Science and Technology, 2021(111). DOI: 10.1016/j.ast.2021.106517.

[19] HAN X, LAERA D, MORGANS A S, et al. Flame macrostructures and thermoacoustic instabilities in stratified swirling flames[J]. Proceedings of the Combustion Institute, 2019, 37(4): 5377-5384.

[20] HAN X, LAERA D, YANG D, et al. Flame interactions in a stratified swirl burner: flame stabilization, combustion instabilities and beating oscillations[J]. Combustion and Flame, 2020(212): 500-509.

[21] ZHOU Y, ZHANG C, HAN X, et al. Monitoring combustion instabilities of stratified swirl flames by feature extractions of timeaveraged flame images using deep learning method[J]. Aerospace Science and Technology, 2021(109). DOI: 10.1016/j.ast.2020.106443.

[22] 周宇晨, 张弛, 韩啸, 等.基于全连接神经网络的分层旋流火焰燃烧振

荡预报[J]. 推进技术, 2021, 42(9): 2038-2044.

[23] 韩啸, 严熙成, 林宇震, 等. 亥姆霍兹共振器和消声装置和机电装置
[P]. ZL202110261089.7

[24] SONG H, HAN X, SU T, et al. Parametric study of the slope confinement for passive control in a centrally-staged swirl burner[J]. Energy, 2021(233). DOI: 10.1016/j.energy.2021.121188.

[25] SONG H, LIN Y, HAN X, et al. The thermoacoustic instability in a stratified swirl burner and its passive control by using a slope confinement [J]. Energy, 2020(195). DOI: 10.1016/j.energy.2020.116956.

[26] 宋恒, 刘玉治, 王欣尧, 等. 限制域形状对分层火焰和燃烧不稳定性的影响[J]. 推进技术, 2022, 43(8): 215-224.

韩啸，北京航空航天大学航空发动机研究院副研究员，北航青年拔尖人才支持计划入选者，第九届中国科协青年人才托举工程入选者。主要从事低排放燃烧室设计、燃烧振荡机理及控制方法等研究。主持2项国家级项目，包括国家自然科学基金青年基金以及"两机"基础科学中心燃烧重大项目。主持了多项中国航空发动机集团相关单位委托的横向课题，总项目经费超过2000万元。研究成果直接支撑了国产大涵道比发动机研发。已发表SCI论文24篇，EI论文34篇。授权发明专利23项，获批软件著作权3项，完成两项成果转化。

物质团聚行为浅谈

北京航空航天大学航空发动机研究院

惠　鑫　朱珈驹

自然界中经常会出现物质的团聚。团聚现象是指小颗粒物质在各种力的作用下通过凝聚、黏结在一起形成大团物质的过程。团聚现象有很宽的时空尺度范围，大尺度团聚可以是行星在原行星盘中的形成过程，小尺度团聚可以是燃烧过程中碳烟颗粒的生长。这些团聚现象的本质特征都是由小物体通过合并形成大物体，但不同的合并过程又有其各自的特点。本文将对几种典型的团聚过程进行介绍。

尘埃和卵石团聚形成行星核

目前，流行的行星形成理论是核吸积模型[1-2]。该模型认为：在恒星刚形成时，绕恒星旋转的原行星盘中存在微米级尘埃粒子与气体，大表面积／质量比的尘埃粒子耦合于气体并随之一起运动，在范德瓦耳斯力和氢键的不断作用下黏结长大。尘埃颗粒在运动过程受到平行于原行星盘中心平面的气体摩擦力，从而减速并在恒星的引力作用下落向恒星。在此过程中，尘埃颗粒将向原行星盘中心平面沉积并形成千米级的固体块，称为星子。如图 1 所示，星子通过引力作用互相碰撞、大星子吸积小星子不断生长。如果在原行星盘消散前（100 万～1000 万年内），星子能够生长成约 10 个地球质量（约 6×10^{22} t）的行星核，则可触发失控式的气体吸积，从而迅速成长为类似木星或土星的气态巨行星；如果行星核无法在原行星盘消散前成长到上述临界质量，则其最终将演变成类似地球或火星的类地行星。

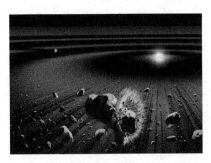

图 1　星子碰撞团聚

核吸积模型无法预测在大轨道半长径处形成的气态巨行星[3]。为此，Lambrecht等[4]提出了卵石吸积模型。该模型认为：原行星盘中形成的星子与气体盘的角动量交换将使其发生轨道迁移，导致星子逐渐接近中央恒星或者远离中央恒星。在星子的轨道迁移过程中，星子可以通过引力吸积原行星盘中厘米级的尘埃和卵石，该过程形成行星核的速度比核吸积模型下的速度快近万倍。在此过程中，质量较大的行星核将通过引力作用将附近质量较小的行星核甩出原行星盘从而"独吞"盘内的卵石[3]。

土壤颗粒团聚形成土壤团聚体

土壤颗粒团聚的过程是土壤颗粒在胶结物质的黏聚力和微生物作用下的合并行为。其中，胶结物质可以是有机物、无机物或有机物和无机物的结合[5]。在无机胶结物质的形成过程中，成土母质（地表岩石风化破碎形成的疏松碎屑）起着重要作用，是土壤形成的物质基础；有机胶结物质的形成与微生物的数量、活性及其代谢产物和植物根系分泌物等有关，且只有在微生物的作用下才具有团聚能力[6]。土壤的团聚就是在成土母质提供"原料"，有机、无机胶结物质提供团聚的"动力"下，经过复杂的颗粒合并形成的。

有机胶结物质是由腐烂生物和含糖排泄物等组成的。有机胶结物质又称为土壤有机质，在土壤团聚过程中起结合剂作用，可用黏聚力将土壤颗粒结合在一起[7]。无机胶结物质是由矿物黏粒和氧化铁铝等组成的。一般认为，在土壤有机质含量较高、无机胶结物质含量较低的土壤中，有机质的胶结作用占主导地位；反之，矿物黏粒的内聚力及氧化铁铝的胶结作用发挥主要作用，即矿物黏粒通过多价金属阳离子（如钙离子[8]），连接、吸附成土母质颗粒和极性有机分子，形成配位络和物和有机无机复合体[5-6]，进而形成团聚体。

微生物在辅助有机胶结物质形成团聚体的作用有两种：一种是真菌和

放线菌的菌丝对土壤颗粒的机械缠绕[6]；另一种是在可溶解有机质和颗粒有机质（即处于悬浮状态的不溶解有机质）[9]内进行微生物降解所产生的腐殖酸类物质（腐殖质）[6]和微生物多糖[10]对土壤颗粒的黏结作用。在土壤中，腐殖质和矿物黏粒呈胶体状态存在，是土壤中最为活跃的部分。其中，腐殖质以松结态、紧结态和稳结态3种结合方式胶结在矿物黏粒表面，形成有机无机复合体。根据团聚体层次的概念，大团聚体（直径大于250 μm）是在松结态有机质和真菌、细菌、根系的网络与多糖的参与下形成的，微团聚体（直径小于250 μm）则主要受紧结态有机质和矿物黏粒的影响[5,8]，而纳米团聚体（直径小于20 μm）主要由成土母质颗粒结合而成[7]。

微藻自絮凝

微藻是一种重要的生物燃料原料，同时也可用作食品等其他用途。微藻自絮凝也是一种常见的团聚行为。要在含稀释的微藻的悬浮液中大量采集藻细胞，最经济可行的方法是先絮凝后进行重力沉降[11-13]。这里提到的絮凝是一种分离水（介质）中粗分散物质和胶体物质的常见方法，自20世纪80年代以来一直用于分离和收集微藻[11]。絮凝通常分为物理絮凝、化学絮凝和生物絮凝。生物絮凝中的自絮凝是藻细胞在不添加其他物质或不使用其他辅助手段的情况下的自发聚集和相互黏附[12]，该过程具有团聚行为的特征。

图2所示为各种生物絮凝的机理，其中图2(a)～(d)所示的4个机制为自絮凝。自絮凝的原理分为以下两种。

（1）光合作用消耗二氧化碳和无机物的沉淀使介质的pH值升高，在这种高pH值下，会发生微藻细胞的自发沉淀：碳酸盐的沉淀和镁、钙离子的共沉淀[11]（尤其是介质中镁离子的存在，水解生成氢氧化镁沉淀[11,14]）。这种沉淀行为通过排出有机大分子来抑制微藻子代细胞的释放。最终，微藻细胞的自发沉淀和被抑制的子代细胞释放的综合效应，引发了微藻自絮凝，即图 2（c）所示的扫掠絮凝，进而导致团聚体的形成。研究发现，当介质的 pH 值增加到 9 以上时 [14]，絮凝就会自发发生。

（2）微藻细胞自身产生的絮凝剂（如胞外聚合物 [11]、多糖、糖蛋白 [12]）能够通过电荷的中和作用连接相邻细胞或形成细胞间的桥梁，从而促进细胞自絮凝 [11-12]。根据电荷排列方式不同，絮凝机制可分为电中和、静电补丁作用和架桥作用 3 种 [15]。通常这种情况发生在酸性介质中，当介质 pH 值降低时，胞外聚合物或微藻细胞壁上带负电荷的官能团将接受质子，进而导致细胞的表面电荷在介质中被中和，形成絮状物 [11]。

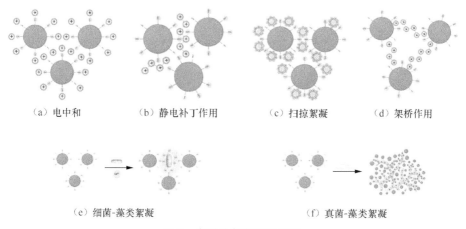

（a）电中和   （b）静电补丁作用   （c）扫掠絮凝   （d）架桥作用

（e）细菌-藻类絮凝   （f）真菌-藻类絮凝

图 2　各种生物絮凝的机理

物质团聚行为浅谈

过饱和溶液的结晶

物质由非固态转换为结晶固态的相转换过程被称为结晶过程，在结晶过程中，晶体成核、生长、团聚等多种行为可能会同时发生 [16]。这里的"团聚"是指形成晶体颗粒后的合并行为，但实际上，在成核和生长阶段，溶质分子、晶核等也表现出了团聚行为的特征，只是尺度不同。

晶核是在过饱和溶液中形成的新相微粒 [17-19]，晶体成核是在溶液系统中产生足够稳定的晶核的过程。晶体成核行为可以自发产生，也可以人工诱导产生[16]，既可以在纯净的过饱和溶液中产生，也可以在外来粒子或者晶体表面产生[17]。晶核的一般形成过程：溶质分子、原子或离子在过饱和溶液中构成运动单元，运动单元之间相互碰撞结合形成线体，一定量的线体可以形成晶胚，晶胚可逆地解离或生长，当其大小超过临界粒径值时，晶胚成为稳定的晶核[17-19]。根据成核方式不同，晶体的成核行为被分为初级成核和二次成核[16-19]。

初级成核是指在过饱和溶液体系中不含有溶质晶体的情况下，溶液中自发产生溶质晶核的过程[16-19]。在这一过程中，溶质晶核既可以在搅拌、局部压力、摩擦等作用条件下产生，也可以在溶液中细小不溶性杂质的基础上产生[16]，按照溶液中有无自生的和外来的粒子区分[18-19]，一般称在完全洁净的过饱和溶液中的成核过程为均相初级成核，在不溶性杂质、气泡、甚至容器壁等异相界面上的成核为非均相初级成核[16-19]。除了会受溶液温度、过饱和度的影响，初级成核还会受磁场、超声场、搅拌等外力场和溶液黏度等因素的影响[16]。在高过饱和度下，均相初级成核占主要地位，成核速率与过饱和度呈非线性关系[17]。外力场通常促进成核行为，抑制晶体生长，可以得到更细的晶体颗粒，而黏度增加会抑制成核行为[16]。

二次成核是在已存在的晶体溶液中产生新晶核的过程。溶液中已存在的晶核可以是人工加入的晶种，也可以是由初级成核产生的晶核[16]。不同于初级成核，二次成核所需要的过饱和度较低。二次成核机理较为复杂，其中流体剪应力成核及接触成核被认为在二次成核中起决定性作用[17-18]。流体剪应力成核是指当过饱和溶液以较大流速流过正在生长的晶体表面时，边界层内存在的剪应力将一些附着在晶体表面的小粒子扫落，若掉落的粒子粒度大于晶核的临界粒度，该粒子就可以成为新的晶核。接触成核（或称碰撞成核）是指由正在成长的晶体与结晶器壁之间、与搅拌桨之间以及与其他晶体粒子或其他固体之间接触撞击作用下产生的晶体表面破碎成核。影响接触成核的主要因素有溶液过饱和度、碰撞能量、搅拌桨构型、晶体粒度等。此外，二次成核的机理还有晶体表面成核、突变二次成核等。

在低过饱和度下，晶体表面成核占主要地位[17]。二次成核速率受溶液温度、过饱和度、晶浆密度和流体机械作用等操作参数的影响，常用与之相关的经验关联式表示[17-18]。二次成核具有成核速率较小、成核过程更容易控制以及较小的成核速率可避免母液包藏在晶体内而影响结晶纯度等优点。因此，在现实中人们通常通过加晶种来主动引起二次成核，避免初级成核[16-17]。

当过饱和溶液中产生大于临界尺寸的稳定存在的晶核后，在过饱和度的驱动下，溶液中的溶质不断有序排列在晶体表面，致使晶体不断变大，该过程为晶体的生长过程[16]。人们提出了许多晶体生长的机理，如表面能理论、吸附层理论、形态学理论、扩散（反应）理论、统计学表面模型、二维成核模型、连续阶梯模型等[17-19]。其中，最具影响力的就是扩散理论及修改后的扩散反应理论。扩散反应理论认为，晶体生长包含两个步骤：待结晶的溶质分子从溶液通过扩散（和/或对流）转移到生长中的晶体表面的质量传递过程，以及溶质分子通过表面扩散在"活性位点"上嵌入晶格中的反应过程[17-19]。在不同系统中，扩散和反应对晶体生长的影响程度不同。根据控制步骤不同，晶体的生长可以分为扩散控制生长和表面反应控制生长。通常认为过饱和度较高、比功率输入较低、温度较高时，晶体的生长倾向于扩散控制生长；相反，过饱和度较低、比功率输入较高、温度较低时，晶体的生长更可能为表面反应控制生长[17-18]。晶体的生长同样受溶液过饱和度、温度、溶液流动状况、可溶性杂质、溶液黏度、外置场等因素的影响[16]，因而有学者通过调节溶液中的金属离子[20]、调整溶剂配比[21]等控制结晶过程。

由于晶体颗粒在结晶容器中不断相互碰撞，晶体的团聚行为通常伴随结晶过程同时发生[16]。在颗粒趋近过程中，如果由范德瓦耳斯力带来的吸引势能在动能等其他作用下克服双电层重叠产生的排斥势能，则两个晶体粒子就能黏附在一起[18]，已黏附的粒子在接触处由于固相曲率半径为负值而导致溶解度减小，溶解的晶体在此处沉淀，形成搭桥固化[18]，完成晶体团聚的一个基本过程。

物质团聚行为浅谈

芳香烃和碳烟颗粒团聚形成碳烟

碳烟形成过程中的团聚现象与结晶过程类似，也体现在成核和生长过程中。如图 3 所示，碳氢燃料在高温缺氧环境下热裂解，形成碳烟前驱体。其中，碳烟前驱体主要由乙炔、聚炔烃和多环芳香烃组成，经过多环芳香烃 "脱氢加乙炔"（hydrogen abstraction acetylene addition，HACA）机制 [22-23] 以及多环芳香烃的凝并、沉积作用 [24] 生长形成初始的颗粒核心。在目前的研究中，HACA 机制被认为是多环芳香烃生长的主要机制，该机制是指由于脱氢作用激活了芳香烃分子上的活性位点，使其不断吸附乙炔分子而生长、环化形成多环芳香烃的化学反应过程。多环芳香烃生长到一定环数之后，主要通过 "线性堆聚" 的方式聚合凝结成初始碳核 [22-23,25]。这就是颗粒成核阶段，是碳烟颗粒形成的起始阶段。此阶段形成的颗粒核尺寸非常小，多出现在火焰锋前高温缺氧的区域，为形成可辨认的链状、团絮状 [25] 聚集态碳烟颗粒提供物质来源 [22]。

随着反应时间的持续，碳烟颗粒在表面生长和碰撞相互作用下进入生长阶段。表面生长是指颗粒核在化学动力学机理下生长为碳烟颗粒，该过程主要由 HACA 机制主导 [24]，同时也可通过多环芳香烃物理附着在颗粒核表面使碳烟颗粒增大。这两种表面生长过程均可以增加碳烟颗粒的质量和尺寸，而其数密度基本保持不变 [22]。人们普遍认为，碳烟颗粒的大部分质量都来自表面生长过程 [26]。碰撞相互作用是指碳烟颗粒在运动过程中只改变粒子的运动方向和运动速度，使得颗粒碰撞从而发生颗粒凝结（coagulation/coalescence）或凝聚（agglomeration）形成一个更大的粒子，并减少碳烟颗粒数密度的物理作用过程 [22]。凝结通常表示接触的两个粒子进行融合导致总表面积减小但质量增加的过程，原来的粒子的结构特性完全改变；凝聚表示两个碳烟颗粒进行点接触，从而黏附起来并保持各自的表面积和原本的结构特性 [24,26]。即表面生长到一定尺寸后的碳烟颗粒通过凝结作用，融合成为更大的碳烟颗粒，使碳烟颗粒的数量下降。当粒子数密度经凝结而下降一个数量级后，就能形成碳烟基本粒子。此后，碳烟基本粒子相互碰撞不再融合成球状，而是黏结成链状，碳烟颗粒以链的形式聚集在一起，聚集物会缠绕结合在一起，呈现为具有开敞分支结构的团簇形[26]，形成碳烟聚集体。当反应物质足够多去填满聚集态碳烟里空余的位置时，聚集态碳烟可再次凝结生成单个的碳烟颗粒[24]。对比表面生长和碰撞相互作用可见，后者对颗粒生长起决定性作用[22]。但是在火焰锋面附近等高温区域，表面生长对碳烟颗粒间的化学结合作用成为主导[27]。另外，大分子的多环芳香烃也可能直接沉积在碳烟颗粒的表面，从而促进粒子的生长。最后，已经生成的碳烟颗粒，包括其前驱物组分在适当条件下都会发生氧化反应形成惰性产物（如二氧化碳和水）[22]。

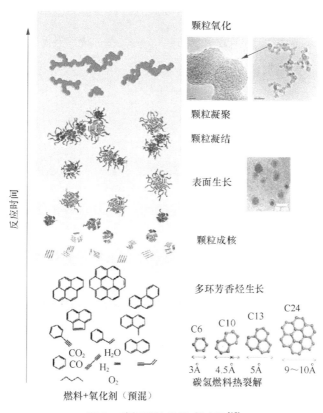

图3　碳烟颗粒的形成过程[18]

此外，也有学者提出不同的团聚机理：共振稳定自由基（resonance-stabilized radical）通过链式反应进行碳氢化合物聚集长大形成碳烟颗粒的机理；大分子自由基直接结合反应（非小分子添加生长）快速进行碳烟早期质量增长的机理[28]。

结语

本文从宇观到微观概述了 5 种物质团聚行为，它们均具有小颗粒物质凝结、凝聚为大团物质的总体特征，但其成因和具体的团聚过程仍大相径庭，主要的比较如下。

（1）不涉及生物活动过程的行星核形成与结晶、碳烟颗粒形成部分过程相似，尤其是行星核形成的卵石吸积模型与晶体生长、碳烟颗粒的表面生长过程，都体现出了"大吃小"的"滚雪球"式增长模式。

（2）行星核的形成是完全的物理过程，依靠碰撞进行团聚长大；溶液结晶和碳烟颗粒形成的初始阶段则要经历颗粒成核和表面生长的化学反应过程。

（3）由于质量较大，组成行星核的尘埃和卵石最终总是在引力作用下团聚凝结成球形；由于质量较小，碳烟颗粒则反复经历了凝结（球形）→凝聚（团簇）→凝结（球形）的生长过程；晶体在结晶过程中则不一定表现出这种规律性。

（4）土壤颗粒的团聚和微藻自絮凝不依靠自身碰撞完成，而是通过其他物质的参与提供黏结、聚集作用力。这些物质一部分来源于生物活动，另一部分来源于环境本身。

（5）土壤团聚体的形成是通过矿物颗粒和有机质的凝聚和聚集发生的，金属离子等无机物在其中起胶结作用。

（6）微藻自絮凝中只有微藻本身有生物活动，金属离子产生沉淀通过抑制微藻子代细胞释放而产生团聚体，微藻自身产生有机物质连接相邻细胞而产生团聚体。

参考文献

[1] 李思楠. 行星形成核吸积模型的临界质量研究[D]. 昆明: 中国科学院大学(中国科学院云南天文台), 2019.

[2] 季江徽. 环绕恒星的原行星盘: 行星的"诞生摇篮"[J]. 科学通报, 2019, 64(23): 2369-2373.

[3] WITZE A. Small rocks build big planets[J]. Nature, 2015. DOI: 10.1038/nature.2015.18200.

[4] LAMBRECHTS M, JOHANSEN A. Rapid growth of gas-giant cores by pebble accretion[J]. Astronomy & Astrophysics, 2012(544). DOI: 10.1051/0004-6361/201219127.

[5] 王清奎, 汪思龙. 土壤团聚体形成与稳定机制及影响因素[J]. 土壤通报, 2005, 36(3): 415-421.

[6] 文倩, 关欣. 土壤团聚体形成的研究进展[J]. 干旱区研究, 2004, 21(4): 434-438.

[7] MIZUTA K, TAGUCHI S, SATO S. Soil aggregate formation and stability induced by starch and cellulose[J]. Soil Biology and Biochemistry, 2015(87): 90-96.

[8] PIHLAP E, STEFFENS M, KGEL-KNABNER I. Initial soil aggregate formation and stabilisation in soils developed from calcareous loess[J]. Geoderma, 2021(385). DOI: 10.1016/j.geoderma.2020.114854.

[9] BUCKA F B, KLBL A, UTEAU D, et al. Organic matter input determines structure development and aggregate formation in artificial soils[J]. Geoderma, 2019(354). DOI: 10.1016/j.geoderma.2019.113881.

[10] 史奕, 陈欣, 沈善敏. 有机胶结形成土壤团聚体的机理及理论模型[J].

物质团聚行为浅谈

应用生态学报, 2002, 13(11): 1495-1498.

[11]　LI S, HU T, XU Y, et al. A review on flocculation as an efficient method to harvest energy microalgae: mechanisms, performances, influencing factors and perspectives[J]. Renewable and Sustainable Energy Reviews, 2020(131). DOI: 10.1016/j.rser.2020.110005.

[12]　WAN C, ASRAFUL M, ZHAO X Q, et al. Current progress and future prospect of microalgal biomass harvest using various flocculation technologies[J]. Bioresource Technology, 2014(184): 251-257.

[13]　ARIVALAGAN P, SUTHA S, PETER B, et al. A review on chemical mechanism of microalgae flocculation via polymers[J]. Biotechnology Reports, 2019(21). DOI: 10.1016/j.btre.2018.e00302.

[14]　MUBARAK M, SHAIJA A, SUCHITHRA T V. Flocculation: an effective way to harvest microalgae for biodiesel production[J]. Journal of Environmental Chemical Engineering, 2019, 7(4). DOI: 10.1016/j.jece.2019.103221.

[15]　MALIK S, KHAN F, ATTA Z, et al. Microalgal flocculation: Global research progress and prospects for algal biorefinery[J]. Biotechnology and Applied Biochemistry, 2020(67). DOI: 10.1002/bab.1828.

[16]　李阳. 偶氮二异丁腈结晶过程研究[D]. 广州: 华南理工大学, 2020.

[17]　周容帆. 蛋氨酸结晶过程研究[D]. 杭州: 浙江大学, 2021.

[18]　胡英顺. 过碳酸钠反应结晶过程及粒子团聚行为研究[D]. 天津: 天津大学, 2005.

[19]　王觅堂. 草酸铈沉淀过程中团聚行为的研究[D]. 包头: 内蒙古科技大学, 2008.

[20]　HAMDONA S K, AL HADAD U A. Crystallization of calcium sulfate dihydrate in the presence of some metal ions[J]. Journal of Crystal Growth, 2007, 299(1): 146-151.

[21]   CASAS J M, SEPÚLVEDA E, BRAVO L, et al. Crystallization of sodium perrhenate from $NaReO_4$–H_2O–C_2H_5OH solutions at 298 K[J]. Hydrometallurgy, 2012(113-114): 192-194.

[22]   鞠洪玲. 柴油机碳烟颗粒生成规律和尺寸分布特性的研究[D]. 武汉: 华中科技大学, 2011.

[23]   陈亮. 柴油燃料燃烧碳烟颗粒生成机理与演变规律的试验和数值研究[D]. 武汉: 华中科技大学, 2013.

[24]   汪晓伟. 甲烷火焰中碳烟颗粒物理化学特性演化规律的研究[D]. 天津: 天津大学, 2015.

[25]   安彦召. 缸内直喷汽油机碳烟颗粒生成机理及实验研究[D]. 天津: 天津大学, 2016.

[26]   杨志衡. 基于LPP燃烧室的碳烟生成数值模拟研究[D]. 天津: 中国民航大学, 2020.

[27]   KHOLGHY M R, KELESIDIS G A. Surface growth, coagulation and oxidation of soot by a monodisperse population balance model[J]. Combustion and Flame, 2021(227): 456-463.

[28]   HE Q, GUO Q, UMEKI K, et al. Soot formation during biomass gasification: a critical review[J]. Renewable and Sustainable Energy Reviews, 2021(139). DOI: 10.1016/j.rser.2021.110710.

物质团聚行为浅谈

惠鑫，北京航空航天大学航空发动机研究院副教授、博士生导师。研究方向包括新型可持续性航空燃料、燃烧室污染物生成与控制、超临界燃料喷射与燃烧等。主持国防科技重点实验室基金、国家自然科学基金青年基金、国家科技重大专项"两机"专项专题等项目。发表期刊论文 50 余篇，申请国家发明专利 3 项。兼任中国航空学会动力分会燃烧与传热传质专业委员、北京热物理与能源工程学会理事。

朱珈驹，北京航空航天大学航空发动机研究院 2022 级博士研究生。研究方向为超临界煤油喷射燃烧与超高温升燃烧室。

高空冰雪漫游
——航空发动机防冰系统

北京航空航天大学航空发动机研究院

邓文豪　高　轩　李海旺

飞机在爬升、下降、盘旋等飞行过程中，飞行高度较低，此时如果存在雨、雪、雾等气象天气时，会发生结冰现象。航空发动机的进气道、唇口、整流帽罩、风扇叶片均是易发生结冰的部位，如图1所示。部件结冰后会影响航空发动机的正常运转，造成进气畸变、压气机喘振，冰脱落后还可能打伤叶片，造成航空发动机的损毁。近年来，结冰引起的飞行事故频发，国产商用航空发动机 CJ-1000A 等型号已经进入了适航取证阶段，研究航空发动机结冰及防冰对提升飞机运行安全性、通过适航认证具有较大帮助。面向下一代航空发动机"跨空域、跨速域、长航程"研制需求，掌握高空长航时航空发动机防冰技术，开展进气部件防冰系统设计，成为近年来航空发动机的研究热点。本文将从结冰条件、结冰机理、航空发动机防冰系统工作原理、先进航空发动机防冰系统设计方法等方面介绍航空发动机防冰系统。

图 1　航空发动机结冰部位

为什么航空发动机会结冰

常见的航空发动机结冰类型包括过冷水滴结冰和冰晶结冰。过冷水滴结冰是当飞机穿越含有过冷水滴的云层时，过冷水滴撞击到航空发动机进口表面上结冰，冰晶结冰是飞机在穿越含有冰晶的云层时，冰晶撞击到航空发动机进口表面结冰或被航空发动机吸入内涵道结冰。本文主要介绍过冷水滴结冰。大气中的过冷水滴撞击到航空发动机表面后，过冷水滴因为受到了撞击扰动，会迅速在内部形成冰核并发生相变，冻结成冰。冰在航空发动机进口表面积聚，会改变航空发动机几何外形，增加航空发动机的运转负荷。航空发动机的整流帽罩、风扇叶片都是高速旋转部件，结冰后造成的溢流液态水膜在离心力的作用下可能从部件表面被甩落并流入航空发动机内涵道对叶片造成撞击和腐蚀，严重时冰还可能发生脱落，当冰从部件表面脱落时会被吸入压气机内部，打伤叶片，造成压气机旋转失速、喘振甚至航空发动机熄火，严重威胁航空发动机运行的稳定性。过冷水滴在航空发动机进口表面冻结的过程中会释放大量的相变潜热，这些热量一部分会通过与周围环境对流换热被带走，另一部分则导入进口部件，使进口部件表面温度升高[1]。

1. 结冰条件

航空发动机的结冰条件主要包括云的种类、环境温度、过冷水滴粒径、液态水含量等[2]。按云层的高度不同，云分为低云、中云、高云和直展云，不同类型的云（见图2）的温度、液态水含量、过冷水滴粒径也不同。结冰现象一般发生在环境温度低于冰点时，这时过冷水滴的温度低于0℃（一般在-40℃～0℃）但是仍然保持液态。过冷水滴粒径小、曲率大，缺少凝固冰核，常用中值容积直径（median volume diameter，MVD）（直径一般在15～50 μm）来描述粒径分布。液态水含量（liquid water content，LWC）会影响结冰的种类，液态水含量越高，结冰强度越大，危害性越大。此外，飞机飞行高度、姿态、速度、地形、季节等因素均会影响航空发动机的结冰过程。

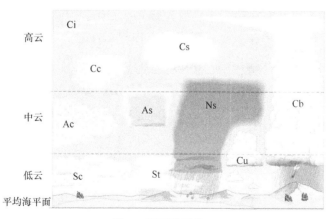

图2 不同类型的云

2. 结冰机理

飞机在飞行过程中，悬浮在气流中的过冷水滴在惯性力的作用下会偏离气流流线。较大的过冷水滴惯性大，容易偏离气流流线撞击到航空发动机进口壁面；较小的过冷水滴惯性小，会随着气流绕过而不会撞上航空发动机进口壁面。过冷水滴撞击到航空发动机进口壁面后会结冰，相变潜热伴随着相变过程释放。根据温度和液态水含量的不同，结的冰分为 3 种：当温度较低、液态水含量较低时，结的冰不透明、质地疏松，称为霜冰；当温度较高、液态水含量较高时，结的冰透明、坚硬，称为明冰；当温度和液态水含量介于明冰、霜冰之间时，结的冰称为混合冰。霜冰条件下，过冷水滴撞击到航空发动机进口壁面会立即冻结，明冰条件下，过冷水滴撞击到航空发动机进口壁面后会先冻结再部分融化，产生溢流水，并在气流剪切力、离心力、科氏力的作用下流动。明冰质地坚硬，难去除，危害最大。目前，航空发动机结冰的研究手段主要有 3 种：自然结冰飞行试验、地面冰风洞试验和数值模拟[3]。

3. 结冰危害

航空发动机的进气道、唇口、保护栅网、整流帽罩、风扇叶片、进口支板等位置都有可能发生结冰，结冰减小了气流的通道面积，导致进气流量减少，降低了航空发动机的推力，增大了油耗。同时，结冰还可能导致进气畸变、喘振，旋转部件在离心力的作用会使壁面上的冰层发生脱落，冰块被吸进发动机内涵道造成叶片的打伤甚至航空发动机的损坏。涡桨发动机的桨叶也会发生结冰，叶尖线速度大，结冰更严重，造成的负荷也越大，使螺旋桨的阻力增大、推进效率降低。

4. 适航规章中关于航空发动机防冰系统的条款规定

目前，我国民用航空适航规章和国家军用标准均对涡轮发动机的防冰性能提出了相应的设计要求。《航空发动机适航规定》（CCAR-33-R2）第33.68条"进气系统的结冰"规定：在中国民用航空规章第25部附录C规定的连续最大或间断最大结冰状态下，在发动机部件上不应出现影响发动机工作或引起功率或推力严重损失的结冰情况；第33.77条"外物吸入——冰"规定了吸冰的条件，且吸冰时不得引起持续推力损失或发动机停车，并检查防护装置是否满足要求。

《运输类飞机适航标准》（CCAR-25-R4）第25.1093条"进气系统的防冰"分别规定了活塞发动机、涡轮发动机和增压式活塞发动机进气系统应满足的防冰条件；第25.1419条"防冰"规定了验证飞机在满足附录C的结冰状态下是否能安全飞行的具体方法；附录C第Ⅰ部分"大气结冰条件"对连续最大结冰、间断最大结冰和最大起飞结冰条件进行了详细规定；附录C第Ⅱ部分"用于表明对B分部的符合性的机身冰积聚条件"定义了飞行各阶段的结冰条件，包括起飞结冰、航路结冰、等待结冰、进场结冰及着陆结冰等。

对于军机而言，在国家军用标准GJB 241A—2010《航空涡轮喷气和涡轮风扇发动机通用规范》的第3.7.1条"防冰系统"、第3.8.2条"结冰条件"和第4.4.2.4.3条"环境结冰试验"中，均对我国军用航空发动机的研制提出了详细的设计和验证要求。

航空发动机防冰系统是怎么工作的

航空发动机防冰系统通过改变过冷水滴运动轨迹、过冷水滴收集系数、结冰量、结冰位置等达到防冰目的，按工作方式不同可以划分为主动防冰系统和被动防冰系统。主动防冰系统通过改变气流流场温度场等手段（如电加热、振动、气流控制）主动地抑制结冰过程以达到防冰目的。这类方法减小了结冰量，或使结冰位置向发动机后缘移动，后缘的部件会受到更大的离心力作用，冰块可以被甩落。主动防冰系统技术成熟、效率高，应用范围广。被动防冰系通过改变航空发动机表面的微结构，在表面形成一层防冰材料，以预防冰晶的形成和附着。被动防冰系降低了航空发动机表面过冷水滴收集系数、改变了接触角使过冷水滴无法在航空发动机表面聚集，降低了局部聚集结冰量，能够有效抑制关键位置的冰聚集现象，且不需要从主流气流引气，是一种高效率、低能耗的航空发动机防冰系统。

传统的防冰方法一般需要能量的持续输入，如电加热使壁面升温、热气流冲击内部结构改变壁面温度、表面开孔吹气改变过冷水滴流动等，或者采用机械除冰方法使表面快速膨胀收缩，使冰层破裂达到除冰效果。

电加热防冰方法（见图3）采用电加热片（电阻）加热防护部位，防止其结冰或去除已结冰层，一般采用内部贴覆或复合材料层间结构模压[4-5]。这种方法防/除冰直接有效，但是能耗高，传热效率低。内部贴覆不适用于导热性差的复合材料壁面，复合材料层间结构模压会降低材料结构强度、增加表面轮廓粗糙度[6]。

青年拔尖人才说航空发动机（第一辑）

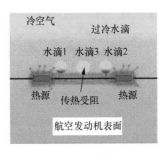

图 3　电加热防冰原理

高效传热结构防冰采用自航空发动机高压压气机引热气流冲击结构内表面（见图4），使壁面升温防止表面结冰。这种方法维护简单，工作可靠，但是因为温度较高，热惯性大，加热控制的难度较大，并且引入主流高温气体会降低发动机推力，引起油耗增加，是一种能耗较高的防冰方法[7]。

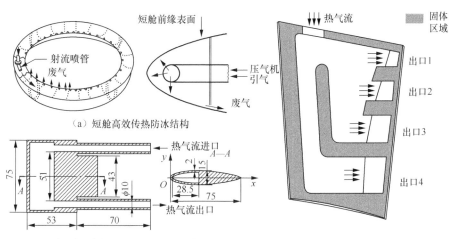

（a）短舱高效传热防冰结构

（b）进口支板高效传热防冰结构（单位：mm）　　（c）进口导向叶片高效传热防冰结构

图4　高效传热结构防冰原理

吹气式防冰方法是指从压气机引气并在整流帽罩表面开孔［见图5(a)][8]，气流从气孔以一定的吹风比、吹气角度、孔排布方法吹出。在吹气气流的影响下，过冷水滴的运动轨迹会发生偏折，无法撞击到有吹气气流的表面，局部过冷水滴收集系数［见图5(b)］发生了变化，整流帽罩上的液态水膜被吹出的气流吹走，避免了过冷水滴在此处的聚集，能够显著改变结冰量，结冰位置相比于没有吹气气流的整流帽罩会更靠后［见图5(c)］，此时冰所受离心力也越大，因此冰脱落时间会提前。这种方法能够有效抑制整流帽罩前缘结冰，并使在下游的冰在离心力的作用下被甩落。

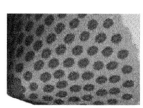　　

（a）气孔结构　　　（b）局部过冷水滴收集系数　　　（c）结冰分布

图5　吹气式防冰结构

传统的机械除冰方法一般有气动带除冰和电脉冲除冰，如图6所示。气动带除冰是在防护部位使用膨胀管周期性充气膨胀、卸压收缩，使冰层破碎脱落[9]，这种方法对气动外形影响较大，寿命较短，管体任意位置漏气均会造成除冰失效[10]。电脉冲除冰采用电脉冲产生高能量，使航空发动机表面在弹性范围内快速鼓动，从而实现结冰层的破碎脱落[11]，这种方法能耗少，但是易受电磁干扰、噪声大、易导致结构疲劳，具体的产品设计问题还较多，在国内尚无型号应用。

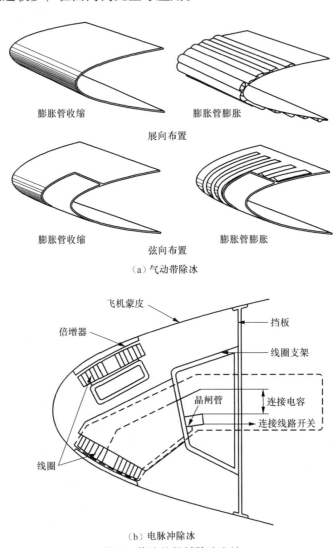

膨胀管收缩　　膨胀管膨胀

展向布置

膨胀管收缩　　膨胀管膨胀

弦向布置

（a）气动带除冰

飞机蒙皮　挡板
倍增器　线圈支架
晶闸管　连接电容
连接线路开关
线圈

（b）电脉冲除冰

图6　传统的机械除冰方法

先进航空发动机防冰系统的设计方法

目前，航空发动机防冰系统已经成为保障飞机全天候飞行安全的必要条件，进气部件对防冰装备减重增效的需求更为迫切，传统防冰技术已不能满足低能耗、高效率的航空发动机防冰要求和航空工业"碳中和"目标[12]。因此，开发先进航空发动机防冰系统设计方法变得更加迫切。在先进主动防冰系统的设计中，相较于传统的吹气式防冰方法，热气膜防冰方法能够有效改善航空发动机表面温度场，实现结冰量和结冰位置的有效控制。超疏水表面防冰方法和仿生涂层防冰方法作为被动防冰方案，能在不增加航空发动机能耗的情况下改变航空发动机进口壁面微结构，使航空发动机防冰效率大幅提高。冰脱落除冰方法利用航空发动机旋转件自身离心力作用甩脱冰块，相比于传统机械除冰方法不需要改变表面的结构，更有利于航空发动机的稳定运行。

1. 热气膜防冰方法

高效传热结构热气加热防冰方法应用较广，这种方法能够改变航空发动机进口壁面温度分布，达到防冰目的。受涡轮叶片热气膜冷却方法和吹气式防冰方案启发，我们提出了冲击 - 热气膜耦合的防冰方法。内部热气冲击高效传热结构壁面使防护表面温度升高，同时从开孔处以射流形式喷出，在壁面形成一层热气膜，这种方法不仅提高了防护表面的温度，还能够改变过冷水滴运动轨迹和防护表面液膜流动，降低了局部过冷水滴收集系数，改善了过冷水滴局部聚集的现象。研究表明，冲击距离、冲击孔径、雷诺数等参数会对内部热气冲击换热过程造成影响，外部热气膜的分布也会受孔型、开孔角度、孔布局、吹风比等参数的影响[13]。本团队以旋转换热研究为基础，开展了双腔尾缘换热结构、气膜偏转机理、非正交气膜孔空间布局和稀疏渐变气膜孔结构（见图 7）等一系列内部高效传热结构和外部热气膜防冰方法的研究。

图 7　稀疏渐变气膜孔结构

2. 超疏水表面防冰方法

传统主动防冰方法存在效率低、耗能高和污染重等问题。因此，采用超疏水材料制备典型防冰表面，已经成为高效的被动防冰手段，是近年来防冰领域的研究热点。

超疏水表面主要是调节过冷水滴和基底之间的介质：空气或者液体。超疏水表面的表面结构能有效地捕获空气，减弱表面与过冷水滴的相互作用，使得过冷水滴在凝结之前能够被及时清除；当冰已经形成时，如果液体被困在表面纹理中作为润滑层，冰的附着力就可以显著降低，冰可能会在气流冲击等作用下脱落，防止形成大块冰晶。同时，利用外部条件调节结冰界面，减少过冷水滴和表面接触时间，控制质量、动量和能量在过冷水滴和基底之间交换程度，从而延缓或防止结冰。制备表面粗糙度和浸润性可控的微结构表面，有益于操控过冷水滴快速反弹，达成旋转表面被动防冰目标。表面粗糙度和浸润性可控的超疏水表面结构如图 8 所示。高轩等[14] 提出的超疏水表面防冰方法通过建立过冷水滴撞击旋转表面的主导作用力分区准则，构建跨越毛细区、过渡区和黏性区的完整撞击相图，阐明过冷水滴反弹与表面结构、表面旋转和表面温度之间的关联机制，揭示过冷水滴动态结冰能量转换机理，进而发展出促进过冷水滴快速反弹和延缓冰晶成核的原理和方法，提出抑制旋转部件表面结冰的新思路，为解决航空发动机防冰难题提供理论和方法支撑。针对超疏水表面耐久性增强方法，邓旭等[15] 将纳米结构的超疏水性能与纳米结构的耐久性相结合，微米构架结构充当"铠甲"以保护框架内部的纳米结构，在玻璃表面制备了具有极强耐磨性能的超疏水表面。

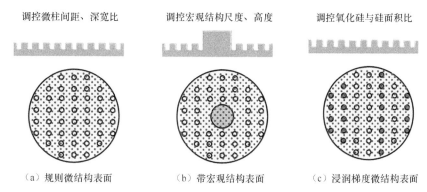

调控微柱间距、深宽比　　　调控宏观结构尺度、高度　　　调控氧化硅与硅面积比

（a）规则微结构表面　　　（b）带宏观结构表面　　　（c）浸润梯度微结构表面

图 8　表面粗糙度和浸润性可控的超疏水表面结构

3. 仿生涂层防冰方法

传统防冰方法都是主动防冰方法，需要消耗较大的机械能或内能来达到除冰或防冰目的，刘晓林等[12]指出冰层与固壁间的"固-固接触"导致极大的黏附力是造成防除冰方法高能耗、低效率的原因，通过改变固壁与冰层的接触方式为"气膜隔离""液膜隔离""类液膜隔离"是降低黏附力提高防冰效率的关键。基于蝴蝶翅膀不沾水、猪笼草口缘区域液膜定向连续搬运与润滑防黏机制，陈华伟等[16]提出了仿生涂层防冰新方法，如图 9 所示。

仿生涂层滴水不沾的优异超疏水性能使其在防冰领域的研究得到了扩展。超疏水表面构建的共性特征为"微纳多级结构与低表面能材质的协同"，通过在结冰界面维持一层微纳尺度的气膜实现"气膜隔离"，此时的冰霜处于 Cassie 态（润湿状态中的一种），黏附力低，可以起到有效的防冰作用。

受猪笼草口缘区域液膜定向连续搬运与润滑防黏机制的启发，Aizenberg 团队[17]将实现隔离冰黏附的仿生液膜（润滑液膜）注入滑移表面，构建"微纳多孔结构＋注入低表面能润滑液体"的共性表面特征。在飞行条件下，油膜流失是一个较严重的问题，当前仿生液膜注入滑移表面的液膜固持耐久性问题仍然是限制其适应飞行条件的首要问题，多孔表面的持液性能增强是仿生液膜注入滑移表面设计的关键，可通过设计持油结构、采用相变型或固体润滑剂、润滑液／防冻液缓释、持续输送结构等来提升。

为改善气膜／液膜防冰界面在防冰领域中难以适应飞行结冰环境的缺点，科研人员进行了多种尝试。取代气膜、液膜等稳定性差的流动介质，选用非流动式的防冰界面设计可能成为面向飞行结冰环境应用的突破口。这种非流动而具备液体滑移效果的"类液膜隔离"滑移防冰表面包括类水层防冰表面、防冻蛋白接枝表面和分子刷／聚电解质刷防冰表面等[18]。

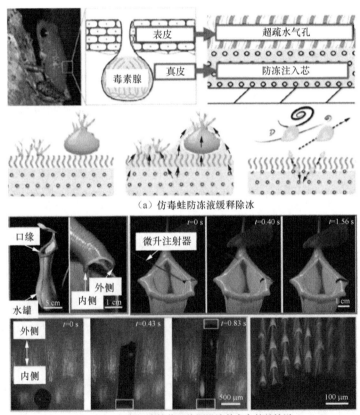

（a）仿毒蛙防冻液缓释除冰

（b）猪笼草口缘润滑液单方向持续输送

图 9　仿生涂层防冰新方法

4. 冰脱落除冰方法

当旋转整流帽罩，冰块在离心力、机械振动等作用下可能会从整流帽罩表面脱落，打坏风扇和压气机，冰脱落过程如图 10 所示。冰脱落是冰内部内聚力失效和冰、壁面界面黏附力失效共同作用下的复杂强度问题。目前，国内外对冰脱落的研究主要包括 3 个方面：① 冰层本身物性，如冰的密度、泊松比和弹性模量的测量；② 冰层的法向和切向黏附强度；③ 冰层内聚力的力学特性。冰脱落的临界条件受积冰与壁面的黏附力、内聚力影响，在旋转部件中冰还受到离心力的影响，因此准确描述上述力的动态变化过程是得到结冰脱落时间的关键。冰脱落后在运动过程中会同时受到气流黏性阻力、压差阻力、离心力和科氏力的作用，冰块直径也会影响运动轨迹，冰脱落位置处于下游时会更容易被吸入航空发动机内部。旋转件冰脱落除冰方法只能对离心力较大位置有较好的除冰作用，整流帽罩前缘由于离心力很小，一般不会发生冰脱落现象。因此，冰脱落除冰方法常和吹气式防冰方法组合应用，在整流帽罩前缘离心力较小区域通过吹出高速气流使结冰位置向后缘移动，在后缘冰块受离心力较大，更易发生冰脱落。航空发动机旋转件冰脱落具有周期性，积聚的冰层达到一定厚度后从整流帽罩表面被甩落，然后重新在当地积聚新的冰层。在利用冰风洞试验测量冰脱落时间时，一般通过观测数次冰脱落的时间后得到冰脱落的周期，再测量一个周期附近的冰脱落发生时间。目前，国内外研究冰脱落的临界条件（如冰裂纹的生长规律、内聚力和黏附力的准确预测、脱落冰块质量与形状预测等）还存在许多困难。这主要是因为冰脱落具有很强的随机性，航空发动机的机械振动、气流扰动、裂纹生长等都会成为上述现象的影响因素。

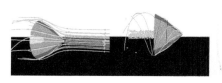

图 10　冰脱落过程

结语

当飞机在高空冰雪世界中穿行漫游时，航空发动机防冰系统无时无刻不在保护着机上乘客的安全和飞机的稳定运行，开展冰风洞试验、自然结冰条件飞行试验、高精度结冰模拟、先进航空发动机防冰系统设计等是目前航空发动机适航领域的热点问题。传统的航空发动机防冰技术（如吹气式防冰、电加热防冰等）较为成熟，主要由各个科研院所进行型号的防冰系统设计，而高校在防冰领域的研究主要致力于防冰机理和先进防冰技术的预研工作。本团队依托高温旋转部件的流动与换热、高效冷却技术、微观水滴撞击与换热等研究基础和优势，开展了热气膜防冰技术研究和先进超疏水表面防冰技术研究。

为满足下一代航空发动机"跨空域、跨速域、长航程"的研制需求，也为了达到航空业"碳中和"目标，发展高效率、低能耗的防冰方法，掌握高空长航时飞行器防冰技术具有重大意义。

参考文献

[1] LIU Y, HU H. An experimental investigation on the unsteady heat transfer process over an ice accreting airfoil surface[J]. International Journal of Heat and Mass Transfer, 2018(122): 707-718.

[2] 林贵平, 卜雪琴, 沈晓斌, 等. 飞机结冰与防冰技术[M]. 北京, 北京航空航天大学出版社, 2016.

[3] 高轩, 邓文豪, 刘松, 等. 基于相界面数据交换的结冰多相传热过程研究[J]. 航空动力学报, 2023(7): 1561-1570.

[4] 洪海华, 刘伟光, 艾剑波, 等. 直升机的防除冰系统[J]. 直升机技术, 2010(161): 52-56.

[5] ROY R, RAJ L P, JOJ H, et al. Multiphysics anti-icing simulation of

a CFRP composite wing structure embedded with thin etched-foil electrothermal heating films in glaze ice condition[J]. Composite Structure, 2021(276). DOI: 10.1016/j.compstruct.2021.114441.

[6] DALILI N, EDRISY A, CARRIVEAU R. A review of surface engineering issues critical to wind turbine performance[J]. Renewable and Sustainable Energy Review, 2009, 12(2): 428-438.

[7] 常士楠, 杨波, 冷梦尧, 等. 飞机热气防冰系统研究[J]. 航空动力学报, 2017, 32(5): 1025-1034.

[8] 高艳欣, 周建军, 李云单, 等. 吹气式旋转帽罩防冰特性[J]. 南京航空航天大学学报, 2016, 48(3): 359-365.

[9] 何舟东, 朱永峰, 周景锋. 飞机电脉冲除冰技术探讨[J]. 实验流体力学, 2016, 30(2): 38-45.

[10] 余放. 飞机防除冰系统技术多元化发展战略与路径[J]. 民用飞机设计与研究, 2020(136): 38-43.

[11] 李广超, 何江, 林贵平. 电脉冲除冰（EIDI）技术研究[J]. 航空动力学报, 2011, 26(8): 1728-1735.

[12] 刘晓林, 朱彦瞳, 王泽林澜, 等. 飞行器仿生防冰涂层技术现状与趋势[J]. 航空学报, 2022, 43(10): 579-596.

[13] WANG L, LI H W, XIE G, et al. Effect of blowing ratio, rotation, and film hole row location on film cooling on the suction surface of a rotating turbine blade[J]. International Journal of Heat and Mass Transfer, 2023(208). DOI: 10.1016/j.ijheatmasstransfer.2023.124048.

[14] GAO, X, QIU B R, WANG Z J, et al. Influence of spinner shape on droplet impact over rotating spinners[J]. Aerospace, 2023, 10(1). DOI: 10.3390/aerospace10010068.

[15] WANG D H, SUN Q Q, HOKKANEN M J, et al. Design of robust superhydrophobic surface[J]. Nature, 2020, 582(7810): 55-59.

[16]   CHEN H W, ZHANG P F, ZHANG L W, et al. Continuous directional water transport on the peristome surface of Nepenthes alata[J]. Nature, 2016, 532(7597): 85-89.

[17]   WONG T S, KANG S H, TANG S K Y, et al. Bioinspired self-repairing surfaces with pressure-stableomniphobicity[J]. Nature, 2011, 477 (7365): 443-447.

[18]   SUN X D, DAMLE V G, LIU S, et al. Bioinspired stimuliresponsive and antifreeze-secreting anti-icing coatings[J]. Advanced Materials Interfaces, 2015, 2(5). DOI:10.1002/admi.201400479.

邓文豪，北京航空航天大学航空发动机研究院工程热物理专业博士研究生。主要研究方向：航空发动机结冰与防除冰技术。

高轩，北京航空航天大学航空发动机研究院副研究员、博士生导师，北航卓越百人计划入选者，航空发动机气动热力国防科技重点实验室主要成员，Elsevier 期刊优秀审稿人，《航空动力学报》编辑部主任。长期从事微尺度液滴撞击动力学和发动机防冰系统设计相关创新研究。2017年获国家留学基金委颁发的"国家优秀自费留学生奖"、2021 年获工信部海外高层次人才青年项目资助。

李海旺，北京航空航天大学航空发动机研究院教授、博士生导师，国家杰出青年科学基金、国家优秀青年科学基金、北京市杰出青年科学基金获得者，北航卓越百人计划、青年拔尖人才支持计划入选者。目前担任北京航空航天大学航空发动机研究院副院长、航空发动机气动热力国家重点实验室副主任。长期从事航空发动机涡轮叶片冷却、微动力系统等方面研究工作。

航空发动机涡轮叶片冷却技术

北京航空航天大学航空发动机研究院

由儒全　王　孟　李海旺

航空发动机是飞机的"心脏",是国家安全和大国地位的重要战略保障。其性能与航空发动机涡轮进口温度直接相关。目前,最先进的航空发动机涡轮进口温度接近 2000 K,但其高温部件材料的许用温度只有不足 1400 K,而且二者的差距还在进一步拉大,这就需要高效、稳定、可靠的冷却技术确保航空发动机安全,助力航空发动机性能提升。冷却技术是实现航空发动机涡轮进口温度持续攀升的关键技术,也是保证航空发动机安全工作的第一道防线。

航空发动机对涡轮叶片冷却技术的需求

从热力学角度看,航空发动机的热力过程可以简化为理想的布雷顿循环 T-S 图(温 - 熵图)(见图 1),即由两个绝热过程和两个等压过程构成的循环:1 ～ 2 为绝热压缩过程,2 ～ 3 为气流在燃烧室中的等压加热过程,3 ～ 4 为绝热膨胀过程,4 ～ 1 为等压放热过程。为了提高航空发动机的做功能力,一个重要途径就是提高涡轮进口温度。

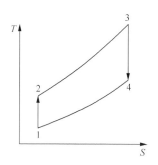

图 1　理想的布雷顿循环 T–S 图

航空工业的飞速发展对航空发动机的性能也提出了越来越高的要求,航空发动机涡轮进口温度持续攀升。

目前,推重比 10 一级的航空发动机涡轮进口温度为 1800 ～ 1950 K。欧洲的先进军用发动机技术计划(AMET)将推重比的发展目标定为

15～20，届时航空发动机涡轮进口温度将达到 2200 K 以上。但是航空发动机涡轮进口温度的提高受涡轮叶片材料许用温度的限制。为了保障涡轮叶片长期可靠工作，必须对涡轮叶片进行冷却。

涡轮叶片冷却技术概述

随着冷却技术的不断发展，目前先进的涡轮叶片冷却（见图 2）一般可以归纳为外部气膜冷却和内部冷却两种类型，并且已得到广泛应用。这些冷却技术的主要作用是有效地控制叶片表面的温度分布，以保证涡轮叶片在超高燃气温度条件下稳定运行不受损伤。

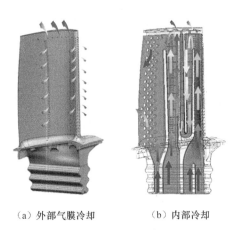

（a）外部气膜冷却　　　　（b）内部冷却

图 2　涡轮叶片冷却

外部气膜冷却［见图 2（a）］主要通过在叶片表面设置气膜孔，冷却气体通过气膜孔流出后在叶片表面形成一层空气膜，阻隔高温燃气向涡轮叶片传递热量，进而达到热防护的目的。衡量气膜冷却的评价指标是气膜冷却效率（ε），气膜冷却效率越高代表冷却效果越好。

叶片内部冷却［见图 2（b）］主要是在叶片内部布置强化扰流结构以期达到带走热量的目的。衡量叶片内部冷却的评价指标是对流换热系数（h），对流换热系数越高越好。

涡轮叶片冷却技术研究进展

自 20 世纪 60 年代开始，涡轮叶片开始引入冷却技术以对抗更高的航空发动机涡轮进口温度。如图 3 所示，涡轮叶片冷却技术从最开始的内部光滑通道发展至今，逐渐经过了简单冷却、简单对流冷却、复杂对流冷却、气膜＋对流复合冷却、双层壁复合冷却、层板冷却、微尺度冷却等，叶片的耐温水平也得到了极大的提升。近年来，随着材料（如纳米材料）和制造技术（如三维打印技术）的不断创新，涡轮叶片冷却技术将会迎来更加灵活、高效、高性能的发展。

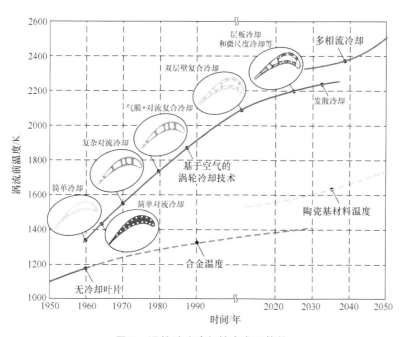

图 3　涡轮叶片冷却技术发展趋势

1. 简单对流冷却结构

叶片冷却技术发展的第一阶段是简单对流冷却结构（见图 4），使用温度为 1300 ～ 1500 K。采用该冷却结构的典型发动机有美国 J79、JT8D，欧洲的 RB211-22B，以及苏联的 Tumansky R-15。简单对流冷却结构简单易实现，制造、维护成本较低；但冷却效率低，在高温情况下，简单冷却结构可能会导致叶片失效。虽然该技术存在着一定限制和缺陷，但其作为先驱性的叶片冷却技术为后续的涡轮叶片冷却技术的开发奠定了坚实的基础。

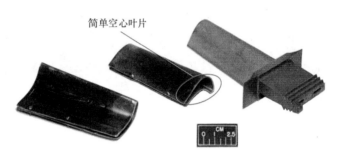

简单空心叶片

图 4   简单对流冷却结构

2. 气膜 + 对流复合冷却结构

叶片冷却技术发展的第二阶段是气膜 + 对流复合冷却结构（见图 5），这是目前航空发动机涡轮叶片的主流冷却结构，使用温度约为 1900 K。采用该冷却结构的典型发动机有美国的 F100、GE90、PW4000 以及欧洲的 Trent。

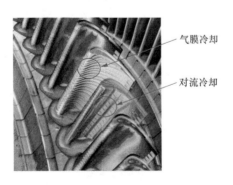
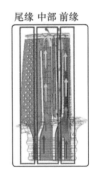

气膜冷却

对流冷却

尾缘 中部 前缘

图 5   气膜 + 对流复合冷却结构

气膜冷却是目前广泛采用的高效冷却技术之一，也被 Bunker[1] 评价为少有的改变燃气轮机冷却规则的技术。气膜冷却示意及气膜冷却涡轮叶片如图 6 所示。航空发动机用于涡轮叶片冷却的冷却空气抽取自压气机，冷却空气通过叶片壁面上开设的多排小孔喷出，在主流燃气的作用下贴附于壁面带走壁面一部分热量，同时将壁面与高温主流燃气隔绝开来，保护壁面。冷却空气用量大会直接影响航空发动机推力。因此，使用尽可能少的冷却空气流量换取高冷却效率是气膜冷却设计的关键。

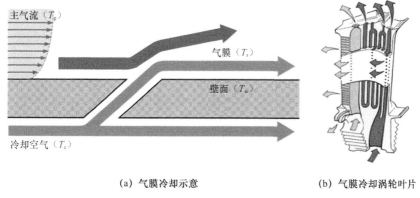

(a) 气膜冷却示意　　　　　　　　　　(b) 气膜冷却涡轮叶片

图 6　气膜冷却示意及气膜冷却涡轮叶片

早期的气膜冷却采用离散圆孔，Goldstein 等 [2] 在平板表面用热电偶测试了圆孔下游绝热壁温和气膜冷却效率沿流向的分布，并指出吹风比 $M=1.5$ 时，孔出口处的气膜脱离壁面进入主流燃气，并在下游再附着于壁面，造成气膜冷却效率的降低。Bernsdorf 等 [3] 和 Burdet 等 [4] 分别采用粒子图像测速技术和计算流体力学仿真技术捕获了射流流动结构中的反向旋转涡对结构。随着仿真技术的发展，研究者对气膜冷却结构有了更深入的了解。Yu 等 [5] 采用分离涡模拟技术给出了圆孔下游更为详细的涡结构，包括反向旋转涡对、马蹄涡、开尔文 - 亥姆霍兹涡和发卡涡。

为了改善气膜冷却效率，20 世纪 70 年代后涌现了水滴孔、扇形孔、簸箕孔、圆锥孔等各类异型孔结构（见图 7），且各类异型孔都有其优势和局限性。Thole 等[6] 和 Haven 等[7] 研究了扇形孔和簸箕孔的射流涡结构和气膜冷却效果，簸箕孔和扇形孔由于出口扩张，使反向旋转涡对间距增加，对气膜冷却的影响减弱，扇形孔气膜冷却效果更好。Agarwal 等[8] 和 Kang 等[9] 采用大涡模拟数值仿真分别给出了 7-7-7 型簸箕孔的详细孔内流场和孔外流场结构。Jones 等[10] 以 7-7-7 型簸箕孔为基础，研究了横向扩张角和前向扩张角的影响并指出：横向扩张角对气膜冷却的影响远比前向扩张角显著。Zhang 等[11] 和 Ali 等[12] 采用正交响应分析方法研究了包括流向角、扩张角、孔间距等 3 ～ 4 个结构参数的优化设计。

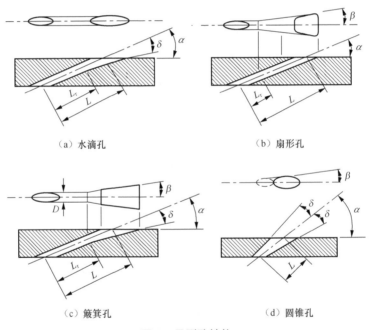

（a）水滴孔 （b）扇形孔

（c）簸箕孔 （d）圆锥孔

图 7 异型孔结构

典型涡轮叶片内部冷却结构如图 8 所示。在叶片内部，不同位置一般设置不同形式的冷却结构。叶片前缘位置一般布置冲击冷却结构；叶片中部一般采用带肋蛇形通道结构；叶片尾缘较薄，一般采用扰流柱通道结构。

真实叶片通道处于旋转状态，受旋转作用力影响，流动与换热特性均会产生较大变化。

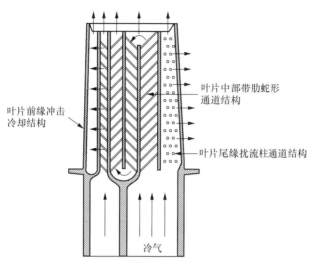

叶片前缘冲击冷却结构

叶片中部带肋蛇形通道结构

叶片尾缘扰流柱通道结构

冷气

图 8　典型涡轮叶片内部冷却结构

Chang 等[13]研究了带 45°肋蛇形通道的换热情况,由于科氏力在旋转通道中对流动结构的影响,入口和出口显示出较高的换热水平。Liu 等[14]研究了带冲击的楔形侧向出流带肋通道的换热情况,在入口雷诺数为 10 000 ~ 40 000,入口旋转数为 0.8 的参数下,发现旋转数和浮力数可以预测出更大范围的换热情况。Xu 等[15]将 90°肋条不对称地布置在通道,压力侧的肋间距(p)与肋高(e)之比(p/e)在 3.8 ~ 14.4 之间变化,吸力面的 p/e 保持恒定值 10。结果表明旋转减少了肋间距效应,除第一通道的后壁外,p/e=10 的表面平均传热增强效果最好。Sahin 等[16]研究了 4 种肋结构(45°异形肋方向、典型平行、反向平行和交叉模式)在旋转矩形通道中的换热,对于所有模型增加旋转数都会导致第一个通道的前表面传热减少,后表面传热增加,反之亦然。Wright 等[17]研究了带 V 形肋的矩形和梯形通道内的换热,发现侧向出流削弱了沿程的换热。但是通道表面有 V 形肋时,中部和靠近外侧的区域的换热得到了加强。Sarja 等[18]利用平行旋转来消除科氏力效应,从而解决了传热中的不均匀性。

相较于简单对流冷却技术,气膜 + 对流复合冷却技术具有更高的冷却功率密度和冷却效率,并且能够延长叶片的使用寿命。然而,其设计、制造和维修成本较高，且容易出现控制故障或质量问题，存在着一定的失效风险。

3. 双层壁复合冷却结构

叶片冷却技术发展的第三阶段是双层壁复合冷却结构（见图9），该结构将原始壁面分隔为两层，采用冲击＋全气膜覆盖强化换热，壁面之间增加支撑和扰流结构，使用温度可以达2100 K。

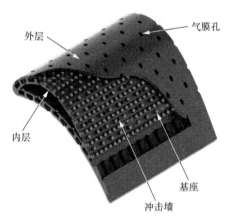

图9　双层壁复合冷却结构

PW公司基于双层壁冷却方案提出"超级冷却"概念，这一概念源于IHPTET计划[19]的第一阶段。所谓的"超级冷却"就是采用新型冷却结构，精心组织冷却气流，考虑多种因素的综合影响以及大量的计算流体力学技术在冷却系统设计中的应用，达到在最小冷气用量下，最大限度地降低叶片的温度和温度梯度。F135发动机的高压涡轮上采用了"超级冷却"工作叶片和导向叶片。其内部加工有数百个小孔，冷却效率高出20%。借助这一新技术，涡轮进口温度可以高出叶片金属熔点555～666 K，节省的冷却空气可增加10%的推力，或者用来减少排气的红外信号。

与此同时，美国通用电气公司通过对双层壁冷却叶片的研究，形成了多种冷却结构方案，这些冷却结构都具有使冷气用量减少15%～25%的潜力。为避免双层壁在铸造过程中出现细小陶瓷型芯破损以及由此引起的质量低下和费用昂贵问题，"骨架-表面层"双层壁复合冷却结构制造方法被提出来。这种方法先铸造出外表有冷却通道的单晶空心骨架，然后用电子束物理气相沉积技术在骨架上形成表面层。俄罗斯也研制了壳型铸冷叶片，并且已经在高温涡轮验证机上进行试验，其冷却效率指标能够满足涡轮叶片在燃油极限温度下工作的要求。俄罗斯全俄航空材料研究院已经研制出可在 2100 K 以上温度环境下工作的高效冷却涡轮叶片。

相较于前两种技术，双层壁复合冷却结构能够更有效地提高航空发动机的热效率并延长叶片的使用寿命，同时减少维护成本。然而，这种结构的制造和维修成本极高，设计难度大，离心应力与热应力问题也比较突出。此外，气膜孔多且孔径较小，容易发生堵塞现象。

4. 微尺度冷却结构

近年来，发动机冷却结构的研究呈现出微尺度（100 ～ 500 μm）（见图 10）化的趋势，并能在使用温度达到 2100 ～ 2300 K 的条件下实现更高效的气体冷却。微尺度冷却结构的概念最初由 Tuckerman 和 Pease 在 20 世纪 80 年代提出[20]。30 多年来，随着微结构加工工艺技术的发展，微尺度结构及其冷却技术在生物、电子微型机械等领域得到了广泛的应用，并逐渐开始应用在航空发动机高温部件的冷却上。

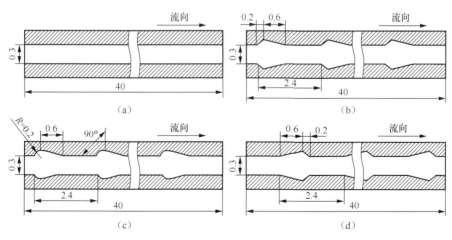

图 10 微尺度冷却结构（单位：mm）

例如，近期研究的层板、射流发散和多孔介质冷却等技术，其冷却结构尺寸已经达到微米量级，也属于微尺度冷却结构范畴[21-23]。图 11 所示为美国 IHPTET 计划中研究的两种微尺度超强冷却叶片：微尺度内部强化换热结构和微尺度气膜孔喷射外部隔热结构。

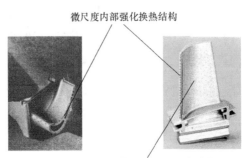

微尺度内部强化换热结构

微尺度气膜孔喷射外部隔热结构

图 11　美国 IHPTET 计划的部分研究成果

然而，微尺度冷却结构的制造难度很大，制造成本也很高，且气膜通道非常细小，容易被灰尘等物质堵塞，维护成本也很高。

涡轮旋转叶片冷却特点

涡轮叶片分为导向器叶片（定子）和工作叶片（转子）。相比于导向器叶片，工作叶片工作在每分钟上万转的高转速条件下，旋转导致涡轮叶片冷却规律发生改变，冷却难度显著增加。

旋转状态带来的困难是多方面的，首先是理论上的挑战。在旋转坐标系下，描述涡轮叶片冷却的纳维 - 斯托克斯方程需要增加旋转附加项，如科氏力项和离心力项；旋转状态还会导致能量方程和纳维 - 斯托克斯方程紧密耦合。

此外，旋转状态下的工作空间会受限，常规的大型传感器难以应用，因此测试难度也会增加。传感器的使用不仅要考虑旋转对其影响，还必须解决传输信号的问题。因此，为提高涡轮叶片冷却效率，必须克服旋转状态带来的这些技术难题。

对无温度梯度影响的旋转通道内主流流动进行研究的目的在于了解旋转对主流速度场的影响，以及边界层内对数律的修正。早期的研究由于测试技术落后，无法得到边界层内部的流动数据，因此只是对主流速度场进行分析。随着热线法、粒子图像测速法等一系列测试技术的兴起，对边界层内的研究也逐渐丰富起来，这些研究主要注重旋转通道内对数律的修正以及剪切应力的分析，这对于数值计算湍流模型的修正有着重要的作用。

涡轮叶片冷却的关键在于靠近壁面的边界层区域，精准掌握旋转状态下转子叶片边界层内的流动换热的细节。北京航空航天大学陶智 - 李海旺团队近年来围绕航空发动机涡轮叶片精细化设计需求，着重对决定其局部换热特性的旋转条件下湍流边界层流动与换热特性以及边界层对主流的影响机理开展研究，探索旋转附加力对湍流边界层内流动换热的影响机理，揭示旋转条件下边界层内的流动与换热规律，修正经典边界层理论在旋转条件下的描述方法，提出适合于旋转状态下的边界层流动换热特性关系式，为涡轮旋转叶片精细化设计提供理论支撑。具体工作介绍如下。

（1）团队突破了旋转状态下涡轮转子叶片边界层内速度测量技术（测量装置如图 12 所示），揭示了旋转附加力对边界层内速度场的影响机理，提出了旋转条件下湍流速度边界层的分层规律，发现了旋转状态下边界层内的临界旋转数现象（见图 13）。明确了旋转湍流边界层雷诺应力分布规律；拓展了旋转条件下对数律的适用范围，提高了对旋转态下涡轮叶片边界层内速度的预测精度（见图 14）。

图 12　涡轮转子叶片边界层内速度测量装置

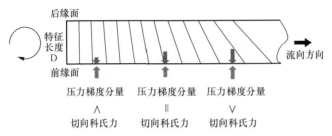

图 13　旋转状态下边界层内临界旋转数现象

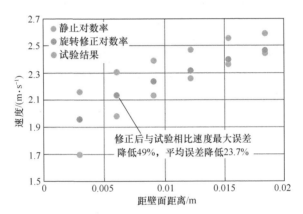

图 14　旋转对数律修正方法及预测效果对比

（2）团队突破了旋转条件下涡轮转子叶片边界层内速度和温度同步测试技术（测试装置如图 15 所示），实现了旋转条件下湍流边界层内温度和速度的同步测量；获得了不同旋转状态涡轮叶片边界层内湍流普朗特数的分布规律（见图 16），拓展了湍流普朗特数对旋转工况的适用范围，发展了基于湍流普朗特数的旋转修正计算方法，提高了对旋转态下温度的预测精度（见图 17）。

图 15　涡轮转子叶片边界层内速度和温度的同步测试装置

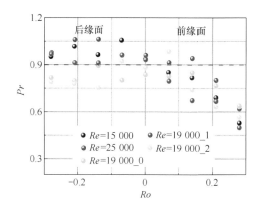

图 16　不同旋转状态涡轮叶片边界层内湍流普朗特数的分布规律

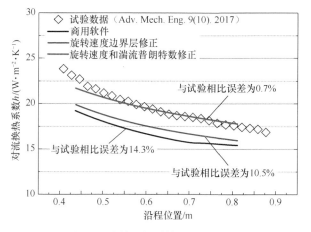

图 17　基于湍流普朗特数旋转修正的预测对比

结语

自 20 世纪 60 年代冷却技术开始应用于涡轮叶片以来，研究者通过大量研究获得了多种冷却结构的冷却特性，并将其应用于涡轮叶片冷却结构中，显著提升了叶片的耐温水平。

随着涡轮进口温度的不断提升以及研究手段的不断丰富，未来叶片的冷却可关注以下几个方向：一是针对传统冷却结构开展精细化设计，进一步发挥其冷却潜力；二是新型冷却结构的设计-制造一体化研究，突破新型冷却结构工程难加工的问题，助力其工程应用；三是材料-强度-传热多学科一体化设计，打破现有学科壁垒，降低涡轮叶片设计周期，提高设计效率，支撑涡轮叶片发展。

参考文献

[1]   BUNKER R S. A review of shaped hole turbine film-cooling technology[J]. Journal of Heat Transfer, 2005, 127(4): 441-453.

[2]   Goldstein R J, ECKERT E R G, RAMSEY J W. Film cooling with injection through holes: Adiabatic wall temperatures downstream of a circular hole [J]. Journal of Engineering for Power, 1968, 90(4): 384-393.

[3]   BERNSDORF S, ROSE M G, ABHARI R S. Modeling of film cooling-Part I: experimental study of flow structure [J]. Journal of Turbomachinery, 2006(128): 141-149.

[4]   BURDET A, ABHARI R S, ROSE M G. Modeling of film cooling-Part II: model for use in three-dimensional computational fluid dynamics[J]. Journal of Turbomachinery, 2007, 129(2): 221-231.

[5]   YU F Y, YAVUZKURT S. Simulations of film cooling flow structure and heat transfer in the near field of cooling jets with a modified des model[C]//ASME 2019 Heat Transfer Summer Conference. New York: ASME, 2019. DOI: 10.1115/HT2019-3683.

[6]   THOLE K, GRITSCH M, SCHULZ A, et al. Flowfield measurements for film-cooling holes with expanded exits [J]. Journal of Turbomachinery, 1998, 120(2). DOI: 10.1115/1.2841410.

[7]   HAVEN B A, YAMAGATA D K, KUROSAKA M, et al. Antikidney

pair of vortices in shaped holes and their influence on film cooling effectiveness[C]//International Gas Turbine & Aeroengine Congress & Exhibition. New York, ASME, 1997. DOI: 10.1115/97-GT-045.

[8]   AGARWAL S, GICQUEL L, DUCHAINE F, et al. Analysis of the unsteady flow field inside a fan-shaped cooling hole predicted by large-eddy simulation[J]. Journal of Turbomachinery, 2021, 143(3): 1-11.

[9]   KANG Y S, JUN S, RHEE D H. Large eddy simulations on fan shaped film cooling hole with various inlet turbulence generation methods[C]//Asme Turbo Expo: Turbomachinery Technical Conference and Exposition. New York: ASME, 2020.DOI: 10.1115/GT2020-15830.

[10]   JONES F B, FOX D W, OLIVER T, et al. Parametric optimization of film cooling hole geometry[C]// ASME Turbo Expo 2021: Turboma-chinery Technical Conference and Exposition. New York: ASME, 2021. DOI: 10.1115/GT2021-59326.

[11]   ZHANG H., LI Y F, CHEN Z Y, et al. Multifidelity based optimization of shaped film cooling hole and experimental validation[C] // ASME Turbo Expo 2019: Turbomachinery Technical Conference and Exposition. New York: ASME, 2019. DOI: 10.1115/GT2019-90088.

[12]   ZAMIRI A, YOU S J, CHUNG J T. Large eddy simulation in the optimization of laidback fan-shaped hole geometry to enhance film-cooling performance[J]. International Journal of Heat and Mass Transfer, 2020, 158. DOI: 10.1016/j.ijheatmasstransfer.2020.120014.

[13]   CHANG S W L T M, PO Y. Coriolis and rotating buoyancy effect on detailed heat transfer distributions in a two-pass square channel roughened by 45 degrees ribs at high rotation numbers[J]. International Journal of Heat and Mass Transfer, 2010, 53(7-8): 1349-1363.

航空发动机涡轮叶片冷却技术

[14] LIU Y H, HUH M, HAN J C. High rotation number effect on heat transfer in a trailing edge channel with tapered ribs[J]. International Journal of Heat and Fluid Flow, 2012, 33(1): 182-192.

[15] XU G, LI Y, DENG H. Effect of rib spacing on heat transfer and friction in a rotating two-pass square channel with asymmetrical 90-deg rib turbulators[J]. Applied Thermal Engineering, 2015(80): 386-395.

[16] SAHIN I, CHEN A F, SHIAU C C, et al. Effect of 45-deg Rib Orientations on Heat Transfer in a Rotating Two-Pass Channel with Aspect Ratio from 4:1 to 2:1[J]. Journal of Turbomachinery, 2020, 142(7). DOI: 10.1115/1.4046492.

[17] WRIGHT L M, GOHARDANI A S. Effect of the coolant ejection in rectangular and trapezoidal trailing-edge cooling passages [J]. Journal of Thermophysics and Heat Transfer, 2009, 23(2): 316-326.

[18] SARJA A, MADHAVAN S, SINGH P, et al. Effect of blade profile on four-passage serpentine configuration designed to negate coriolis effect on heat and fluid flow[C]//ASME Turbo Expo 2019: Turbomachinery Technical Conference and Exposition. New York: ASME, 2019. DOI: 10.1115/GT2019-91718.

[19] VIARS P. The impact of IHPTET on the engine/aircraft system[R]. AIAA 89-2317, 1989.

[20] TUCKERMAN D B, PEASE R F W. IIIB-8 implications of high performance heat sinking for electron devices[J]. IEEE Transactions on Electron Devices, 1981, 28(10): 1230-1231.

[21] 詹宏波, 郑文远, 文涛, 等. 微尺度通道内R134a的冷凝传热实验研究[J].化工学报, 2020, 71(S1): 83-89.

[22] QOMI M E, SHEIKHZADEH G A, FATTAHI A. On the micro-

scale battery cooling with a sinusoidal hybrid nanofluid flow[J]. Journal of Energy Storage, 2022, 46. DOI: 10.1016/j.est.2021.103819.

[23]   TAKABI B, SALEHI S. Augmentation of the heat transfer performance of a sinusoidal corrugated enclosure by employing hybrid nanofluid[J]. Advances in Mechanical Engineering, 2014(1). DOI: 10.1155/2014/147059.

航空发动机涡轮叶片冷却技术

由儒全，北京航空航天大学航空发动机研究院副研究员，入选中国科协"青年人才托举工程"、北京市"科技新星计划"、北航"青年拔尖人才支持计划"等人才资助项目。主要从事涡轮叶片冷却技术研究。目前担任"推进技术"青年编委、国际期刊 *International Journal of Dynamics of Fluids* 编委、中国航天第三专业信息网"综合热管理"专业委员会委员、中国航空发动机集团有限公司"1+X"高层次计划技术专家、北航 – 贵发所航空发动机内流传热专业研究实验室学术委员会委员、某重点型号航空发动机热端部件冷却支撑团队核心成员。

王孟，北京航空航天大学航空发动机研究院博士研究生。主要研究方向为涡轮叶片冷却技术，在 *Applied Thermal Engineering* 上发表 3 篇学术论文，参与科研项目 2 项。

李海旺，北京航空航天大学航空发动机研究院教授、博士生导师，国家杰出青年科学基金、国家优秀青年科学基金、北京市杰出青年科学基金获得者，北航卓越百人计划、青年拔尖人才支持计划入选者。目前担任北京航空航天大学航空发动机研究院副院长、航空发动机气动热力国家重点实验室副主任。长期从事航空发动机涡轮叶片冷却、微动力系统等方面研究工作。

航空发动机涡轮叶片冷却效果试验技术研究进展及展望

北京航空航天大学航空发动机研究院

夏亚康

中国航发四川燃气涡轮研究院

刘 松 陈胜广

航空发动机性能的提升给热端部件特别是高温涡轮叶片的设计带来更严峻的挑战。设计的涡轮叶片实际冷却效果与理论期望差多少，能否通过航空发动机试验考核，是影响航空发动机研制的关键因素之一。为此，开展高效、高精度冷却效果试验技术研发，确保涡轮叶片冷却效果测得准，日益成为解决航空发动机"卡脖子"问题的重要工作之一。本文从航空发动机涡轮叶片冷却效果试验的需求出发，介绍了国内外研究现状，阐述了气膜冷却效果试验和综合冷却效果试验两种常用的试验方法，并对冷却效果试验技术的未来发展方向提出了展望。

航空发动机对涡轮叶片冷却效果试验技术的需求

作为飞机"心脏"的航空发动机，在航空技术的发展过程中起着关键性作用，其设计与制造水平也是衡量一个国家科技与工业先进程度的重要标志。航空发动机性能的提升很大程度上依赖于涡轮进口温度的提高。研究表明，在发动机尺寸不变的前提下，涡轮进口温度每提高 55 ℃，发动机的推力大约可以增加 10%；但涡轮进口温度的提高使得航空发动机中高温部件（如燃烧室、涡轮等）的工作环境严重恶化，从而出现可靠性差、使用寿命短等现象。目前，推重比 10 一级的先进军用航空发动机以及大推力高效率的先进民用航空发动机的涡轮进口温度都已超过 1850 K，而且根据航空燃气涡轮发动机的发展趋势，涡轮进口温度还会进一步提高，美国的综合高性能涡轮发动机技术计划和欧洲的先进军用发动机技术计划都将推重比的发展目标定为 15 ～ 20，届时涡轮进口温度将会超过 2200 K。可见，除受到材料和工艺水平约束，如何对高温部件进行有效的冷却是一个亟待解决的难题。由于涡轮进口温度已远远超过涡轮叶片所用的超级耐热合金材料的耐热极限，为了保证涡轮叶片在超限高温服役环境下有足够的安全可靠性和服役寿命，必须对其采取高效的冷却措施。涡轮叶片冷却一般可以分为外部气膜冷却和内部冷却。外部气膜冷却仍然是在高压涡轮叶片上应用得最普遍、最重要的冷却方式，除常规圆柱孔外，新型气膜孔、发散冷却孔也成为发展趋势。内部冷却由单层壁向双层壁、由简单回转通道向多通道、微尺度通道等方向发展。

实际涡轮叶片的冷却效果是否达到预期指标，直接关系着叶片是否能在航空发动机服役温度下安全稳定工作。一旦叶片冷却不足，便容易引发超温故障（如氧化、烧蚀、断裂等）（见图 1），严重时甚至影响整台发动机的试车安全。为此，必须对涡轮叶片进行冷却效果试验，以确认涡轮叶片的实际冷却效果是否达到预期指标，决策新研涡轮叶片的冷却状态，为涡轮叶片冷却优化提供试验数据支持。

青年拔尖人才说航空发动机（第一辑）

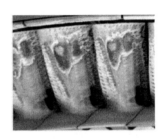

图 1　涡轮叶片故障

国内外涡轮叶片冷却效果验证技术的研究现状

目前，国内外研究机构针对涡轮叶片的冷却效果开展了大量的研究，建立了较为齐全的试验设施。

美国喷气推进实验室建立的先进的涡轮气动热力试验器（进口总温为 478 K，进口总压为 550 kPa，试验普朗特数为 0.68，试验周期为 1～5 s）由一个氮气罐、变体积流量涡轮冷却系统、一个 3100 立方英尺（1 英尺 = 0.3048 米）的储气罐、一个快速阀门、两个 6400 立方英尺的排气罐、一个 66.6 Pa 的真空系统和一个热滑油系统组成。该试验器可在均匀低湍流度进口边界和非均匀高湍流度进口边界条件下进行全尺寸涡轮气动和传热性能试验研究，而用常规试验设备则要用 6 h 才能完成相关试验内容，这个设备在美国综合高性能涡轮发动机技术计划中发挥了重要作用。美国麻省理工学院研制的涡轮试验器为短周期全尺寸涡轮试验器，主要用于高负荷气冷涡轮的气动和传热性能试验研究，最大转速为 6190 r/min，试验周期为 0.3 s。美国冯·卡门流体动力学研究所研制的压缩管涡轮试验器为轻活塞压缩管型短周期涡轮试验器，可在不同雷诺数、马赫数、主流与壁面温度比、冷气与壁面温度比下进行涡轮气动和传热性能试验研究。英国牛津大学研制的涡轮试验器为等熵轻活塞压缩管型短周期涡轮试验器，主要用于进行涡轮气动和传热性能试验研究。美国联合技术研究中心、美国得克萨斯农工大学、美国宾夕法尼亚州立大学均建有低速大尺寸涡轮试验器。美国、俄罗斯、英国、法国等先后建设了各种结构的涡轮叶片冷却效果试验器，采用表面埋偶、红外探头、红外热像仪等方式测量叶片表面温度。

随着航空发动机自主研发步伐的加快，国内对涡轮叶片温度的试验测试技术近年来也得到了长足的发展。在机理试验方面，北京航空航天大学的涡轮旋转叶片流场特性试验台，可搭载粒子图像测速仪、热线仪、液晶测温仪等先进设备对涡轮叶片内部、外部气膜近壁流场和温度场开展研究，转速可达 1500 r/min；涡轮叶片、叶盘一体化综合特性试验台，可搭载压敏漆（pressure sensitive paint，PSP）液晶测温仪等设备对盘腔密封性、泄漏流对叶片冷却特性影响开展研究，转速可达 8000 r/min。西北工业大学的短周期跨声速涡轮叶片气膜冷却传热风洞，可用于叶片表面和端壁的传热和气膜冷却研究，能够同时模拟涡轮叶片真实工况下的雷诺数和马赫数，叶栅进口雷诺数可达 1.6×10^6；瞬态叶栅换热与气膜冷却试验风洞，可采用稳态或瞬态全表面测试技术，获得叶片表面高分辨率的换热系数和气膜冷却效率分布结果，试验段进口雷诺数可达 1.1×10^5。南京航空航天大学的红外测温试验台，可在主流温度（600 ℃）下，开展模化叶栅的气膜冷却效果试验。在工程应用方面，国内航空发动机科研院所针对真实涡轮叶片，开展了中温中压条件下的综合冷却效果试验研究。根据流动相似、动力相似、几何相似原理，对涡轮叶片真实工况进行模拟，获取中温中压状态的试验结果，同时按照一定法则折合到真实工况，可在一定程度上评定真实工况的冷却效果。中国航发四川燃气涡轮研究院在 20 世纪 70 年代建成了水冷式涡轮叶片冷却效果综合试验器，并在 2000 年左右改用通用式蜗壳舱＋干烧试验段结构。与此同时，测试技术方面也获得了长足的发展，接触式测温从常规热电偶到微细热电偶、薄膜热电偶、测温晶体，对红外测温、磷光测温等技术也进行了深入的探索。

Gao 等 [1] 利用压敏漆测试技术给出了带复合角簸箕孔的叶片表面气膜冷却特性。Wang 等 [2] 用平板研究了两排间距为 4 倍孔径的带复合角气膜孔排的叠加气膜冷却特性。Dring 等 [3] 最早采用示踪法搭配热电偶矩阵获得旋转涡轮叶片吸力面和压力面单孔气膜尾迹分布和气膜冷却效率分布。Li 等 [4] 利用压敏漆测试技术给出了旋转涡轮叶片吸力面、前缘和压力面单排孔和多排孔叠加的气膜冷却效果分布。Chen 等 [5] 利用转弯通道模拟端壁横流的形成，解释了端壁横流的影响，并采用压敏漆测试技术分析了横流对气膜冷却性能的影响。Zhou 等 [6-7] 在单通道跨声速风洞中采用压敏漆测试技术获得了高分辨率的绝热效果，并使用温敏漆（temperature sensitive paint，TSP）测试技术来绘制表面上相应的传热系数，全面评估了异形孔的薄膜冷却效果。孔满昭等 [8] 采用瞬态液晶测量技术测量带侧向流扰流柱通道端壁全表面换热系数的分布，研究了侧流比及雷诺数对换热的影响。Werschnik 等 [9] 利用分布式热电偶校准温度参考点，采用红外热成像技术对旋转的涡轮机端壁进行高分辨率的传热测量。

航空发动机涡轮叶片冷却效果试验的主要方法

涡轮叶片冷却效果试验是涡轮叶片设计阶段的必备试验科目，用于验证和改进冷却设计过程中试验的计算程序和设计方法，如外部换热计算程序、管网计算方法，也可以验证不同冷却结构的冷却效果，发展新型高效的冷却结构以及挖掘相关冷却机理。在实际涡轮叶片冷却效果试验中，机理级试验主要包括气膜冷却效果试验，综合型试验主要指叶片综合冷却效果试验。

1. 气膜冷却效果试验

（1）试验系统

气膜冷却效果试验普遍采用压敏漆测试技术在叶栅风洞中进行，试验平台如图 2 所示。试验主流由离心风机驱动，主流温度为当地环境室温。试验过程中的二次流由 CO_2 高压气瓶提供，二次流系统由高压气瓶、加热带、热式流量计组成。试验过程中需要保证二次流温度与主流温度一致，进而使压敏漆的测试结果不受环境温度的影响。二次流供气采用集气腔统一供气，供气环境保证等压入口条件，流量比保证与真实叶片相似。试验叶片尺寸、气膜孔尺寸与流道尺寸为数值计算模型等比例放大相应的倍数。

图 2　气膜冷却效果试验平台

（2）试验方法

试验采用压敏漆测试技术，获取涡轮叶片表面气膜冷却效率（评价气膜冷却效果的指标）分布。喷涂在叶片表面的压敏漆为荧光涂料，当其受到 390 ～ 410 nm 波长的光照射时，漆内发光分子跃迁，会释放

600 ～ 620 nm 波长的荧光，随后退回到未被激发状态。荧光的光强与氧分压成反比。压敏漆中发光分子与氧分子的相互作用称为氧猝熄。试验中，采用高性能科研级 CCD 相机捕捉叶片表面荧光强弱分布，并将图像传输至计算机。压敏漆标定如图 3 所示。

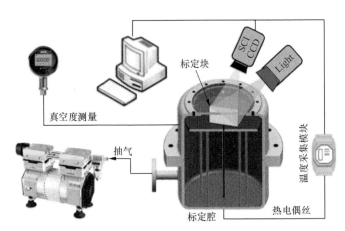

图 3　压敏漆标定

试验测试过程如下。

① 以 CO_2 为冷气，拍摄得到叶片吸力面气膜分布图，图像记录的荧光光强分布记为 I_{mix}。

② 以空气为冷气，依然保持旋转试验状态，拍摄得到叶片吸力面氧分压浓度分布图，图像记录的荧光光强分布记为 I_∞。

③ 试验结束后立刻停止旋转，在停止主流和射流的条件下，拍摄得到的叶片图像作为参考图像，图像记录的荧光光强分布记为 I_{ref}。

④ 没有光照的条件下，拍摄得到的图像荧光光强分布记为 I_{blk}，用于去除相机背景噪声。

通过试验获得上述 4 类图像之后，进行以下处理。

① 通过压敏漆标定，获得带气膜的（下标统一记为 mix）叶片表面压敏漆荧光光强与氧分压（P_{O_2}）的对应关系为

$$\frac{I_{\text{ref}} - I_{\text{blk}}}{I_{\text{mix}} - I_{\text{blk}}} = A(T) + B(T)\frac{\left(P_{\text{O}_2}\right)_{\text{mix}}}{\left(P_{\text{O}_2}\right)_{\text{ref}}} \tag{1}$$

式中，$A(T)$、$B(T)$ 为参考系数。

② 用传质比拟传热，将气膜冷却效率 η 以氧分压的形式表示为

$$\eta = 1 - \frac{1}{\left[\dfrac{\left(P_{\text{O}_2}\right)_\infty}{\left(P_{\text{O}_2}\right)_{\text{mix}}} - 1\right]\dfrac{W_c}{W_\infty} + 1} \tag{2}$$

式中，W 表示质量摩尔数，下标 ∞、mix 和 c 分别代表主流、壁面附近气膜和冷气。

采用压敏漆测试技术测量气膜冷却效率的误差公式为

$$\Delta\eta = \sqrt{\left[\frac{\partial\eta}{\partial\left(P_{\text{O}_2}\right)_{\text{mix}}} \cdot \Delta\left(P_{\text{O}_2}\right)_{\text{mix}}\right]^2 + \left[\frac{\partial\eta}{\partial\left(P_{\text{O}_2}\right)_\infty} \cdot \Delta\left(P_{\text{O}_2}\right)_\infty\right]^2} \tag{3}$$

由此可见，氧分压的不确定度直接决定测量气膜冷却效率的不确定度（测量结果误差和测量结果本身的比值）。

氧分压的不确定度主要取决于温度、标定和相机元件。压敏漆测试中的主流温度与二次流温度一致。因此，温度对氧分压不确定度的影响可以忽略。

标定对氧分压不确定度的影响主要源于拟合曲线的拟合误差。经计算拟合曲线的方差、标准差和标准误差可知，由标定拟合过程造成的氧分压不确定度为 0.11%。

相机元件对氧分压不确定度的影响主要由相机感光噪声和相机分辨率决定。在每次试验过程中，每组图像至少拍摄 100 张用于图像平均降噪处理，由此可得由相机元件造成的氧分压不确定度为 0.537%。

对以上不确定度进行合成扩展可得基于 95% 置信区间的氧分压的不确定度为 1.1%。由此可以计算出不同试验气膜冷却效率对应的不确定度，如表 1 所示。从表 1 可看出，气膜冷却效率越高，对应的测量不确定度越低。

表 1　不同试验气膜冷却效率与其对应的不确定度

η	0.1	0.2	0.3	0.4	0.5	0.6	0.7	0.8	0.9
$\Delta\eta/\eta$	19.83%	8.20%	4.43%	2.63%	1.62%	0.99%	0.59%	0.32%	0.12%

（3）试验结果分析

试验结果评定完成后，对试验数据进行整理，给出试验工况下涡轮叶片单排、多排气膜冷却效率分布云图，并给出定性和定量分析。

2. 叶片综合冷却效果试验

（1）试验系统

试验设备主要由主气系统、冷气系统、水系统、燃油系统、电气控制系统等组成。主气系统为叶片冷却效果试验提供主流，并在进入燃烧室前对主流流量进行测量，压缩空气进入燃烧室进行加温，加温后的高温燃气进入冷效试验舱、冷效试验转接段，试验后对高温燃气进行降温，最后将废气排入排气道。冷气系统分为试验叶片冷气管路和陪衬叶片冷气管路，为试验叶片提供冷却气体，两路气体分别测量流量后，进入电加温炉对气体进行加温，最后供入试验叶片。水系统为冷效试验舱和排气冷却器提供冷却水，保证设备在安全温度范围内工作。燃油系统为燃烧室提供燃油，并通过调节燃油流量的大小来控制燃烧室的温度。电气控制系统为阀门、电加温炉、流量计等提供动力电源以及对设备进行控制，以实现对试验参数的控制。

涡轮叶片冷却效果试验转接段设计的测量截面如图 4 所示。

试验转接段根据涡轮叶片的真实叶型结构、性能参数以及具体技术要求进行设计，包括进气测量段、叶栅试验段和排气测量段。叶栅试验段应保证试验叶片特征截面进出口气流角和叶片安装角与技术要求参数一致。试验前将涡轮叶片（中间一个叶片为试验叶片，其余的为带气冷的陪衬叶片）安装到叶栅试验段中，组成叶栅通道。

试验时，对栅前燃气总压、栅前燃气静压、栅后燃气静压、栅前燃气总温、冷气温度、主气流量、冷气流量、叶片表面温度等参数进行测量，并采用高精度气压计测量当地大气压力为试验提供气压变化情况，经计算机处理完成试验状态监视和数据采集。

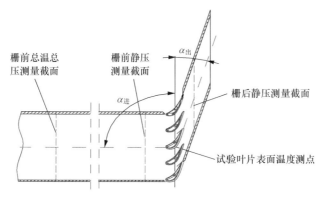

图 4　涡轮叶片冷却效果试验转接段设计的测量截面

涡轮叶片冷却效果试验通常采用热电偶测温方式记录叶片表面温度。通常在试验叶片中截面表面布置测点，记录中截面表面温度和平均冷却效率。测点布置位置应尽可能均匀，并避开气膜孔。视情在叶片根、尖截面表面或其他特征位置布置测点，以作监测。图 5 所示为涡轮叶片中截面表面温度测点编号，图 6 所示为涡轮叶片径向热电偶走向。

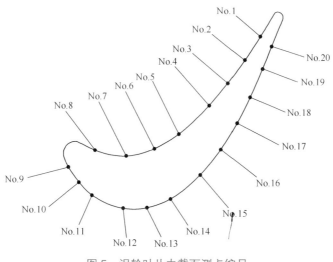

图 5　涡轮叶片中截面测点编号

航空发动机涡轮叶片冷却效果试验技术研究进展及展望

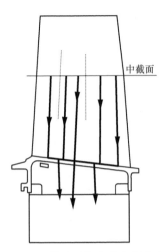

中截面

图6　涡轮叶片径向热电偶走向

（2）试验方法

进行叶片综合冷却效果试验时，首先应根据试验状态，采用加温器对主气供气进行加温，确保主气供气状态满足试验需求；再根据不同状态下参数设定，进行冷气流量、温度、压力调节，以满足试验所需各项需求。每次叶片综合冷却效果试验的试验状态通常有以下要求。

① 根据技术要求文件和设备能力范围，固定栅前总压，保证流量比、落压比和温比与发动机设计状态相同，记录叶片表面温度以及中截面表面平均冷却效率。

② 根据技术要求文件和设备能力范围，固定栅前总压，将流量比、落压比和温比中的两个值固定不变，调节另一个值变化，记录叶片表面温度以及中截面平均冷却效率。

③ 根据技术要求文件和设备能力范围，进行燃气恢复温度试验。关闭冷气，待试验状态达到稳定后，记录叶片表面温度，以检查热电偶是否正常。

（3）试验结果分析

试验结果评定完成后，对试验数据进行整理分析。主要内容包括：不同流量比、落压比和温比状态下的叶片表面温度分布、叶片中截面表面平均冷却效率分布和叶片表面燃气恢复温度分布。

将试验结果模化到发动机工作状态，给出发动机状态的叶片表面温度分布、叶片中截面平均冷却效率分布，并给出叶片综合冷却效果是否满足设计指标的分析结论。

航空发动机涡轮叶片冷却效果试验技术展望

随着航空发动机性能的提升，涡轮叶片冷却效果试验的重要性日益凸显。如何测得精，测得准，准确、有效支撑设计，是一项长期的课题。当前，国内以高校为主的机理试验和以行业为主的综合性试验，不同程度存在试验工况低、试验模型与真实模型不一致等问题，试验无法准确模拟真实情况，亟待发展试验测试技术，夯实试验测试能力，加强高校基础研究和行业工程设计之间的深度融合，促进基础技术成果的熟化，强化试验结果的工程实用性。此外，智慧试验也是必然的发展趋势。智慧试验要对大量的试验数据进行聚类挖掘，训练有效数据，建立数字冷却效果试验平台（见图 7），在确保试验精度的同时，大幅度缩减试验验证周期，从而提升设计 - 试验综合效能。

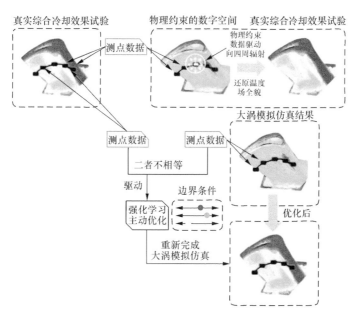

图 7　某涡轮叶片数字冷却效果试验平台

图 7　某涡轮叶片数字冷却效果试验平台（续）

结语

本文介绍了航空发动机涡轮叶片冷却效果试验研究现状及展望。首先提出了涡轮叶片冷却效果试验需求，介绍了国内外最新的研究动态，然后针对气膜冷却效果和叶片综合冷却效果两类试验，从试验流程方法和数据处理等方面进行了阐释。最后结合工程研制需求指出：提升试验结果精度和缩减试验周期是未来必然的发展方向，为此，亟待大幅度夯实试验测试技术、发展数字化试验。

参考文献

[1]　GAO Z H, NARZARY D P, HAN J C. Film cooling on a gas turbine blade pressure side or suction side with axial shaped holes[J]. International Journal of Heat and Mass Transfer, 2008, 51(9-10): 2139-2152.

[2]　WANG N, ZHANG M, SHIAU C C, et al. Film cooling effectiveness from two rows of compound angled cylindrical holes using pressure-sensitive paint technique[J]. Journal of Heat Transfer, 2019, 141(4): DOI: 10.1115/gt2018-75167.

[3] DRING R P, BLAIR M F, JOSLYN H D, et al. An experimental inve-
     stigation of film cooling on a turbine rotor blade[J]. Journal of Eng-
     ineering for Power, 1980, 102(1). 81-87.

[4] LI H W, ZHOU Z Y, XIE G, et al. The cooling performance of multiple
     rows of film holes on the suction surface of a turbine blade under
     rotating conditions [J]. Applied Thermal Engineering, 2020, 188.
     DOI: 10.1016/j. applthermaleng. 2020.116125.

[5] CHEN Z Y, ZHANG Z, LI Y F, et al. Vortex dynamics based analysis
     of internal crossflow effect on film cooling performance[J]. Intern-
     ational Journal of Heat & Mass Transfer, 2019, 145. DOI: 10.1016/j.ij
     heatmasstransfer.2019.118757.

[6] ZHOU W W, PENG D, LIU Y Z, et al. Assessment of film cooling's
     surface quantities using pressure- and temperature-sensitive paint:
     Comparisons between shaped and sand-dune inspired holes[J].
     Experimental Thermal and Fluid Science, 2019, 101: 16-26.

[7] ZHOU W W, HUI H. Improvements of film cooling effectiveness by
     using Barchan dune shaped ramps[J]. International Journal of Heat
     and Mass Transfer, 2016, 103: 443-456.

[8] 孔满昭, 朱惠人, 原和朋. 应用瞬态液晶测量技术研究层板内部换热
     特性[J]. 航空动力学报, 2009, 24(2): 340-346.

[9] WERSCHNIK H, OSTROWSKI T, HILGERT J, et al.Infrared thermogr-
     aphy to study endwall cooling and heat transfer in turbine stator vane
     passages using the auxiliary wall method and comparison to numerical
     simulations[J].Quantitative Infrared Thermography Journal, 2015, 12(2):
     219-236.

夏亚康，北京航空航天大学航空发动机研究院副研究员。长期从事射流雾化、高热流密度喷雾和沸腾传热冷却技术，航空发动机热端部件高效冷却技术等方面的研究工作。曾获得 2020 年度"国家优秀自费留学生奖学金"项目奖励。

刘松，中国航发四川燃气涡轮研究院研究员，北京航空航天大学在职博士研究生，主要从事航空发动机热端部件一体化设计以及热流体试验测试技术研究。

陈胜广，中国航发四川燃气涡轮研究院高级工程师、防冰专业组组长。从事防冰系统设计、技术规划、技术攻关及专业体系建设等工作。先后获集团科技进步奖二等奖 1 项、三等奖 1 项，授权发明专利 1 项，主编集团标准 1 份，参编"两机"专项图书 1 部。

基于超临界碳氢燃料热沉的航空发动机主动热防护技术浅谈

北京航空航天大学航空发动机研究院

付衍琛

以超临界碳氢燃料作吸热冷源在微小通道内流动并冷却航空发动机高温表面的主动热防护技术是保障先进航空发动机热端部件不超温，并安全稳定运行的重要手段。碳氢燃料是由上百种碳氢化合物组成的混合物，在通道内吸热升温过程中将经历热物理性质剧烈变化、热氧化结焦、热裂解及裂解结焦等物理、化学多因素耦合过程，那么，这些现象的物理、化学机理是什么？在发动机实际工作中如何利用或尽可能避免这些现象，才能保证燃料热沉充分释放，从而高效冷却高温部件呢？

什么是航空发动机主动热防护

在航空发动机的发展进程中，热端部件高温问题是限制其发展的一大重要因素，航空发动机内部部件往往面临严苛的热环境。以涡轮叶片为例，涡轮进口温度从 20 世纪 60 年代的约 926 ℃提高到了今天的接近 1700 ℃，远远超出了涡轮材料可承受的极限温度，该温度升高的速度也远快于材料耐温能力的提升速度。目前，对航空发动机热端部件进行热防护的主要措施包括寻找和研发更耐高温的材料，以及发展高效的热防护技术。

根据热防护原理以及冷却方式的不同，航空发动机热防护技术分为被动热防护和主动热防护两种[1]。其中，被动热防护是指依靠材料热沉、烧蚀性能或耐高温材料，使热量被吸收或由表面辐射出去，而不需要工质来排除热量的技术。具体而言，被动热防护结构一般包括隔热式结构、热沉（吸热）式结构以及辐射式结构，如图 1 所示[2]。

顾名思义，隔热式结构的原理在于"隔断"热量传递，通过外层隔热和表面辐射使热量耗散，从而满足短时间、中等热流工况下的热防护需求。热沉（吸热）式结构中少部分热量会被辐射出去，而大部分热量被该结构吸收。热沉（吸热）式结构的吸热能力并非无限，防护时间延长，过量的热量也会使该结构内部温度大幅升高，因此适用于瞬间、中等热流使用需求。辐射式结构的重心在于通过在结构表面制备一层具有耐高温、高辐射系数的热障涂层，使大部分热量以辐射的方式耗散。这种防热技术适用于中等热流长时间或高等热流短时间使用。被动热防护结构简单、可靠性高，使用广泛，但往往会改变气动外形，增大结构体积，单一的被动热防护技术不足以满足热防护需求。对于高热流、长时间使用的热端部位一般需要采用主动热防护。

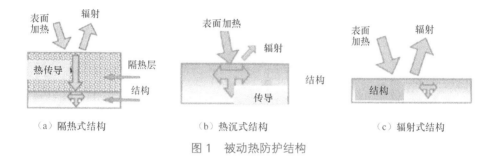

（a）隔热式结构　　　　　（b）热沉式结构　　　　　（c）辐射式结构

图 1　被动热防护结构

区别于被动热防护，主动热防护利用低温冷却介质进行冷却并 / 或形成气膜、液膜隔离高温主流与部件结构，让热量全部或绝大部分由工质或冷却流带走，主要包括对流冷却、气膜冷却和发汗冷却，如图 2 所示。对流冷却是将热量传递给冷却剂、冷却剂带走热量而达到冷却效果。在热防护表面附近沿切线方向或用一定的入射角射入一股冷却气流（空气），用以将高温气体与表面隔离，这就是气膜冷却，冷却气通过缝、孔、槽，沿防护表面形成一层气膜，既避免了高温气体直接对表面进行对流换热，又能带走一部分高温气体热量。发汗冷却主要通过密集的细孔渗出冷却剂，就像出汗一样，冷却剂一方面会进行充分的热交换，另一方面会在物体表面形成一层薄膜，将航空发动机中的高温气体与航空发动机部件表面隔离开。相比于气膜冷却，发汗冷却所需的冷却剂少，冷却气流初速度小，对主流的扰动以及造成的性能损失都更小。研究表明，发汗冷却可以使用很少的冷却剂，却能获得很好的冷却效果。

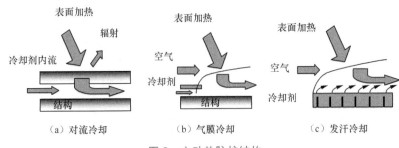

（a）对流冷却　　　　　（b）气膜冷却　　　　　（c）发汗冷却

图2　主动热防护结构

　　由此可见，在主动热防护中，无论哪种方式都需要足量的冷却剂，这也引出了新的问题：冷源不足。一般来说，与高温气体对流换热后，冷却剂温度会升高，冷却能力下降，不足以再次使用。因此，飞机飞行全程消耗的冷却剂的量相当大，像这样额外携带大量冷却剂的飞行无论是在性能还是在经济上都是不可取的。于是，"就地取材"这一思路应运而生。飞机飞行时，冷空气会源源不断从进气道进入航空发动机，这也引出了以空气为冷却剂的主动热防护方案，并在早期较好地满足了航空发动机热防护的需求。例如，早期的战斗机仅用冲压空气即可满足冷却需求。

　　近年来，随着航空发动机的不断发展，直接使用冷却空气作工质的方案逐渐难以满足性能和热防护的双重需求。随着航空发动机推重比的提高，涡轮进口温度上升、压气机增压比相应提高，这也导致了引气温度的提高，冷却空气冷却品质下降，冷却需要更大的引气流量。这部分引气又不能参与做功提供推力，由此造成了较大引气损失。

　　为了解决这个问题，学界提出了对进入涡轮叶片的冷却空气进行预先冷却以降低冷却空气温度、提高冷却品质的新方法，即CCA技术[3]。该技术通过换热器在冷却空气进入涡轮叶片前利用某种冷源对其进行预先冷却，从而达到降低冷却空气温度的目的。目前，航空发动机上可利用的冷源有两种，分别为外涵空气和飞机自身携带的碳氢燃料（燃油）。据此，CCA技术被划分为外涵空气冷却和碳氢燃料冷却两种类型。外涵空气冷却方案有其明显的缺点：新增了外涵换热器部件，航空发动机的自身质量有所增加；换热器体积较大，布置在外涵通道中会增大外涵空气的压降；更严重的是，在超声速及高超声速飞行条件下，外涵空气滞止温度过高，将失去作冷源的优势。

因此，对于未来先进战斗机，CCA 技术必须采用新的冷源才能满足航空发动机性能提升的要求，使用碳氢燃料作冷源是一条非常有潜力的思路。国内外航空发动机目前使用的航空煤油具有很强的吸热能力。以航空煤油 JP-8 为例，如图 3 所示，1 kg 该航空煤油从 300 K 升高至 800 K 可吸收 1550 kJ 的热量，达到同等质量空气的 3 倍。

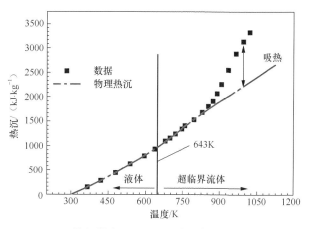

图 3　航空煤油 JP-8 热沉随温度变化的曲线

利用碳氢燃料热沉进行航空发动机主动热防护这一方案有很大潜力，这也将带来多个其他方面的显著收益。首先，从热力循环的角度，碳氢燃料在进入燃烧室前吸收冷却空气余热，机组热效率提升。其次，碳氢燃料吸热后温度上升导致其进入超临界状态，其物理性质发生显著变化，表面张力消失、扩散能力增强，碳氢燃料直接以气体形态在燃烧室内与空气进行掺混，燃烧效率将得以大幅提升。最后，空油换热器可布置在航空发动机内涵通道，有利于航空发动机结构的紧凑布置，不会对外涵空气流动造成任何影响。

因此，学界展开了针对碳氢燃料热沉及其换热特性的广泛探索与研究。

基于超临界碳氢燃料热沉的航空发动机主动热防护技术浅谈

什么是超临界流体

临界点是物质从一种状态转变为另一种状态的条件。例如，水蒸气处于某一温度时，再加上一定的压力就能使其从气体转变为液体，这一温度和压力就被称为临界温度和临界压力。图 4 所示为航空煤油 RP-3 在 5 MPa 压力下物性随温度变化的曲线，其临界温度约为 645 K[4]。可以明显看出，在临界点附近，密度、定压比热、导热系数以及动力黏度均有剧烈变化。超临界流体指的就是压力和温度都高于临界点的流体，处于此种状态的流体介于气体和液体之间，在密度上接近液体，黏度上又与气体相似，扩散系数是液体的 10 ~ 100 倍，因而具有很强的溶解能力和良好的流动、输运性质。

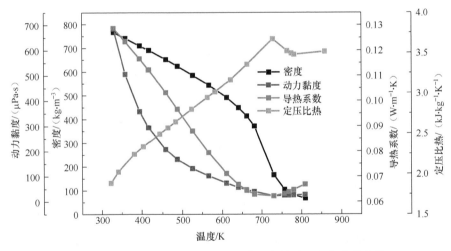

图 4　航空煤油 RP-3 在 5 MPa 压力下物性随温度变化的曲线

在核电领域，超临界水堆（supercritical water reactor，SCWR）具有较高的热效率与简单的设计结构，成为备受关注的新式核反应堆系统。图 5 所示为超临界水冷却核反应堆工作过程：超临界水通过反应堆堆芯加热直接引入涡轮发电，而后通过冷凝器降温冷却再次进入循环。超临界水作为冷却剂具有很多好处，例如，高于临界点时，蒸气和液体的密度相同，不再需要蒸气发生器等部件；在转变为超临界态的过程中，没有经历相变，就不会由于沸腾产生气泡，提高了传热效率。

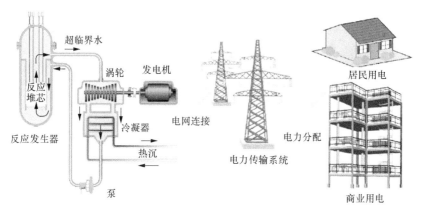

图 5　超临界水冷却核反应堆工作过程 [5]

当今世界国际科技竞争激烈，航空航天技术是发展中的重中之重。随着飞行马赫数的不断增大，飞行过程中航空发动机的气动加热日益严重，热防护难度很大。航空发动机工作在高温高压的环境中，机载碳氢燃料（燃油）也处于超临界状态。碳氢燃料是由多种烷烃和芳香烃组成的混合物，物理化学性质复杂。当碳氢燃料转变为超临界状态时，其热物理性质的剧烈变化，将导致传热强化（冷沸腾引起）和传热恶化（膜态沸腾引起）等现象。此外，碳氢燃料还会发生热裂解反应，大分子碳链断裂生成小分子，碳氢燃料组成成分发生变化，物理、化学性质进一步改变，深刻影响碳氢燃料流动换热，给航空发动机的热防护带来挑战。目前，高超声速飞行器的热防护技术主要有被动热防护、半被动热防护和主动热防护三大类。被动热防护主要采用耐烧蚀隔热材料，将热量吸收或通过表面辐射带走。主动热防护通过流体介质进行冷却，半被动热防护介于二者之间。例如，宇宙飞船的返回舱就采用了蜂窝增强烧蚀隔热材料，以保障航天员的安全。高超声速飞行器为了保证长时间在高热流的条件下正常工作，一般采用主动热防护技术，主要包括再生冷却、薄膜冷却和蒸发冷却。薄膜冷却和蒸发冷却都是利用冷却剂生成一层薄膜来保护壁面，而再生冷却过程如图 6 所示，通过超临界碳氢燃料在燃烧室壁面冷却通道中吸收热量，达到保证超燃冲压发动机燃烧室安全运行的目的。

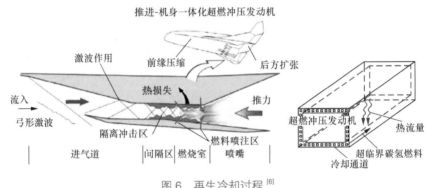

图 6　再生冷却过程 [6]

使用超临界碳氢燃料作冷却剂，一方面避免了携带额外的冷却剂，减轻了航空发动机的质量；另一方面，碳氢燃料不仅能通过物理方式吸热，而且在高温下发生的热裂解反应也会大量吸热，从而额外提供物理热沉以外的化学热沉，弥补了碳氢燃料自身热沉偏低的问题。图 3 所示为美国军用航空煤油 JP-8 热沉随温度变化的曲线：随着温度的升高，开始阶段的吸热属于物理热沉，上升斜率基本固定，当温度达到热裂解化学反应起始点（约 850 K），曲线陡然上升说明化学热沉显著提升了航空煤油总体吸热能力。

　　因此，为了保证高超声速飞行器的安全运行，确保碳氢燃料在飞行过程的各个状态正常提供冷却所需的热沉，需要对碳氢燃料的热裂解进行深入研究。目前，学界通常采用自由基理论来解释碳氢燃料热裂解的反应机理 [7]，主要包括链引发、链传递和链终止 3 个环节。碳氢燃料中的烷烃分子 C—C 键或者 C—H 键断裂生成自由基，自由基之间发生反应，相互转化、结合成碳氢分子完成整个裂解过程。由于热裂解的存在，超临界碳氢燃料的流动换热与传统流体有较大区别，发生热裂解后，流体的组成成分会改变，物理、化学性质差异大，传统的管内流动换热经验关系式也不再适用。裂解化学反应与流动换热相互影响、深度耦合，尚未有广泛适用的经验关系式应用于工程实践。裂解过程中释放热沉的多少不仅与进口流量、温度、压力、热流密度等因素有关，还与燃料在通道内从进入到流出所经历的时间（即驻留时间）密切相关。超临界碳氢燃料流动换热过程中的换热强化与恶化跟流动方式（向上、向下及水平流动）、系统压力等要素有关。研究表明[4]，当流量与热流密度的比值 G/q 较小且管径较大时，可以观察到壁温突然降低即传热强化现象，而 G/q 较大时，工作压力的大小对传热的影响很小；较大的质量流量对于传热异常现象具有抑制作用；水平流动由于浮升力效应（上下壁面温度不同）容易出现异常传热行为。一般认为热裂解的存在强化了换热，考虑热裂解这一因素后系统整体的传热行为更加扑朔迷离。目前，学界多采用试验和数值模拟相结合的方法（一些试验中难以测量的参数通过数值模拟提取分析，双向验证），总结归纳碳氢燃料裂解热沉的释放及流动换热规律。流动换热规律关系到换热器冷却通道的设计是否合理，能否满足飞行器各工况点的设计需要，是航空发动机尤其是高超声速飞行器热防护不可或缺的一环。从超临界碳氢燃料的热物理性质到裂解化学反应模型，从碳氢燃料裂解的流动换热规律到热沉的释放匹配，从稳态到非稳态，从试验到数值仿真，层层深入的基础理论研究终将应用于工程实践，促进科技的腾飞。

超临界碳氢燃料热沉利用的局限性

现有的各型燃料中，液氢的质量热值最高，但是密度远低于碳氢燃料，因此体积热值较低；硼燃料密度最高，但其为固态，燃烧产物氧化硼气化温度约 1900 ℃，在喷管中会产生凝聚相，大幅降低航空发动机比冲性能。吸热型碳氢燃料虽然被广泛采用，但其吸热热沉仅为 4.0 MJ/kg，且因为碳氢燃料存在结焦问题，目前尚不具备长时间可重复使用的能力。

（1）热沉能力分析

燃料吸热热沉指的是单位质量的燃料从较低温度吸热升温至某一较高温度时所吸收的热量，燃料吸热热沉数值可以反映在热力学理论内燃料的吸热能力，是评估基于燃料为冷源的飞行器及发动机主动热防护技术是否可行的重要参数。国内外飞行器常用燃料在700℃左右的总吸热热沉对比如图7所示。其中，JP系列航空煤油是美国的军用飞行器碳氢燃料，JP-7是美军当时专门为SR-71黑鸟侦察机研制的高性能碳氢燃料，JP-8是JP-7的改进型，JP-10是一种纯组分高密度碳氢燃料；RP-3航空煤油是国内民用及军用飞行器最常使用的碳氢燃料，其各项物理化学指标均与JP-7较为接近；正癸烷是碳原子数为10的纯链烷烃，其分子质量及化学式与RP-3航空煤油较为接近，经常被用作RP-3航空煤油的替代燃料来研究燃烧传热等性能；甲烷是最简单的纯物质碳氢化合物，以其作燃料的液氧甲烷火箭发动机是经济适用型火箭发动机研究的热门，此外，以甲烷作为冷源的飞行器主动热防护技术近些年也颇受关注；液氢是一种较为理想的燃料，其单位质量燃烧热值高，且和氧气燃烧的产物只有水，对环境友好性高，近些年也常作为飞行器主动热防护的冷源被研究。从图7所示可以看出，美国的JP-7和JP-8在700℃时热沉值基本能达到3000 kJ/kg，这个温度下燃料已经发生裂解化学反应，所以热沉值为由物理热沉和化学热沉组成的总吸热热沉；JP-10热沉值稍低一些，因为其物质组成为多环烷烃，在高温下较难发生裂解反应，所以裂解化学热沉较低，总吸热热沉也较低；国产RP-3航空煤油在高温下的总吸热热沉基本与美军JP-7和JP-8系列航空煤油持平，表现出较好的作为飞行器主动热防护冷源的潜力；正癸烷吸热热沉略低于RP-3航空煤油，因为其相比于RP-3航空煤油缺少一些易于裂解的高碳数链烷烃；甲烷在高温下预测热沉值甚至略高于RP-3航空煤油，但因为其高温裂解产物中含有大量的碳（碳氢燃料结焦的主要成分），沉积在冷却通道壁面上会降低燃料冷却能力，严重时甚至会堵塞冷却通道，导致主动热防护失效和高温部件烧毁，此外，甲烷密度比 RP-3 航空煤油较低，所以飞行器携带甲烷燃料罐的体积和质量会较大，导致飞行器可用有效载荷较低；相比于碳氢燃料，液氢作为燃料在燃烧热值和吸热热沉上具有无与伦比的优势，其燃烧热值是 RP-3 航空煤油的 3.25 倍，总吸热热沉是 RP-3 航空煤油的 4.6 倍，是一种相当理想的燃料，但是，液氢密度很低，飞行器氢燃料罐的体积和质量过大问题基本无法避免，此外，金属材料的氢脆现象（指金属材料在含氢气介质中长期使用时由于吸氢或氢渗而造成机械性能严重退化并发生脆断的现象）一直限制着液氢在空天飞行器中的使用。综合对比来看，已经在现代飞行器中大量使用的煤油型碳氢燃料（JP-7、JP-8 和 RP-3 等）其制备、储存和运输已经大规模商业化和低成本化，且随着对碳氢燃料高温下吸热裂解反应的研究不断深入，其可以安全使用的温度及热沉区间逐渐扩大，将其作为飞行器及发动机主动热防护技术用冷源具备较高的可行性。

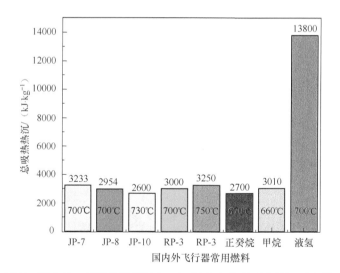

图 7　国内外飞行器常用燃料在 700 ℃左右的总吸热热沉对比[8]

（2）碳氢燃料热裂解

如图 8 所示，在较低温条件下，碳氢燃料在冷却通道内吸收高温表面的热量，温度升高，此时吸收的热量全部转化为燃料内能，燃料热沉全部为物理热沉。随着飞行器飞行马赫数的逐渐提高，对于飞行器主动热防护用燃料的吸热热沉提出了更高要求（见图9），在高温条件下（约450℃以上），燃料发生由大分子碳氢化合物裂解为众多小分子碳氢化合物的裂解化学反应，该反应总体上为吸热反应，此时燃料吸收的热量部分转化为内能导致燃料温度升高，剩下部分转化为化学能储存在裂解反应生成物中。碳氢燃料的吸热裂解化学反应可以在物理热沉的基础上增加化学热沉，极大地提升燃料总吸热热沉，拓宽飞行器极限飞行马赫数，并且裂解产物中含有较多小分子气体利于燃烧，因此碳氢燃料热裂解反应及其在飞行器主动热防护冷却通道内的应用成为研究热点。

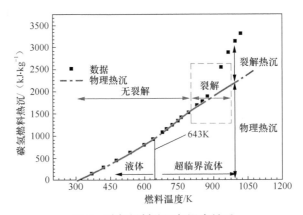

图 8　碳氢燃料热沉与温度关系

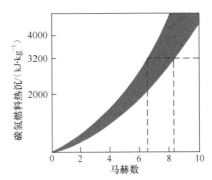

图 9　飞行器燃料热沉与码赫数对应关系

　　一般认为，碳氢燃料热裂解反应遵循自由基机理进行，分为链引发、链传递及链终止3个过程，如图10所示。链引发通常为烃类分子中C—

C 键或 C—H 键断裂生成两个自由基的过程，结构稳定性差、键能小的键容易发生断裂。链传递反应是一个自由基转化为另一个自由基的过程，通常包括夺氢、分解、异构、加成等类型，是研究裂解反应机理的关键。链终止即两个自由基结合生成碳氢分子的过程，是热裂解反应终止阶段，通常认为链终止反应不需要活化能即可反应。

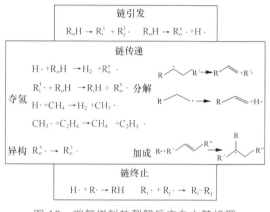

图 10 碳氢燃料热裂解反应自由基机理

　　热裂解反应为燃料带来的改变主要有：额外的化学吸热热沉、物质组成改变、热物理性质改变、结焦沉积。所以，要将热裂解反应实际应用于飞行器主动热防护技术，只知道燃料热沉与温度的对应关系是不够的，还需要研究燃料裂解与流动换热的耦合作用特性。

　　在飞行器主动热防护冷却通道内，碳氢燃料裂解与流动换热强烈耦合在一起，如图 11 所示。裂解反应的发生提供了额外化学热沉增加了燃料总吸热热沉，相比于无裂解条件可以使燃料温度和壁面温度降低，燃料吸收热量不再单一地转化为内能，而是同时转化为内能和化学能，燃料焓值不再只是压力和温度的函数，而由压力、温度和物质组成共同决定。同时，大分子碳氢燃料裂解为众多小分子碳氢化合物的过程改变了燃料物质组成，改变了燃料裂解混合物的热物理性质，并且由于通道横截面内各位置温度及流速不同造成了裂解反应速率及转化率不同，进而造成了横截面内各位置物质浓度不同并且加剧了各位置热物性不均匀性。因此，裂解化学

基于超临界碳氢燃料热沉的航空发动机主动热防护技术浅谈

反应的存在使得燃料流动换热过程异常复杂，是流动、换热、裂解、传质等因素的耦合作用过程，裂解与流动、换热的相互作用决定了燃料热沉利用的程度和水平，也决定了燃料与通道壁面之间的对流换热能力。对碳氢燃料裂解与流动换热耦合作用进行研究是理解冷却通道内燃料热沉释放规律及对流换热特性的前提，也是精细化设计主动热防护冷却通道的基础。

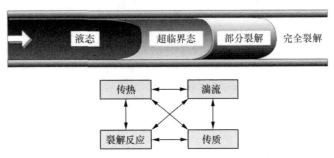

图 11　碳氢燃料热裂解与流动换热的耦合

（3）碳氢燃料热氧化结焦

碳氢燃料作为冷源用于航空发动机主动热防护技术面临的最大问题是碳氢燃料在高温下的结焦，结焦沉积在冷却通道壁面，会阻碍壁面与碳氢燃料间的热传递，降低传热效率，同时造成通道流通面积缩小，碳氢燃料在冷却通道内流动阻力增大，结焦严重时甚至会完全堵塞冷却通道，导致通道壁快速升温和烧毁。因此，抑制碳氢燃料高温结焦对航空发动机主动热防护技术发展至关重要。

依据结焦生成的化学原理，碳氢燃料结焦可分为热氧化结焦和热裂解结焦两类[9]：在 150 ℃～ 450 ℃内，结焦以热氧化结焦为主，温度越高，热氧化结焦速率越高，存在一个结焦速率峰值点，当燃料中溶解氧消耗越来越多时，热氧化结焦反应速率逐渐下降；当温度超过 450 ℃后，结焦以热裂解结焦为主，此时，氧含量不再是结焦的重要影响因素，结焦速率与温度呈单调正相关关系，温度越高，结焦越快，如图 12 所示。

目前抑制碳氢燃料热氧化结焦的措施主要包括燃料脱氧、加入添加剂和系统表面改性。① 溶解氧是燃料发生热氧化反应产生结焦的关键反应

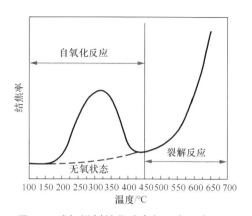

图 12　碳氢燃料结焦速率与反应温度关系

物,通过燃料脱氧(如氮气洗涤、分子筛吸附剂、化学还原剂、膜过滤器等)可以有效地抑制氧化结焦的形成。② 针对燃料不同组分的结焦反应机理,向燃料中加入添加剂来抑制结焦的方法已经得到了初步的成效,北京航空航天大学徐国强教授团队[10]对不同结焦抑制方法进行了试验评估,最终通过与天津大学联合开发获得了添加剂 BHTD-E50D,可有效抑制约 73.51%的管壁结焦。③ 燃料系统和反应器表面材料改性也是抑制结焦的有效手段,试验发现,预氧化表面处理管对于短时间的氧化结焦具有抑制作用,但长时间工况因为氧化层被破坏而逐渐失去抑制作用;经过电解钝化的试验管对于长时间和短时间工况都表现出比较好的抑制氧化结焦特性。

超临界碳氢燃料流动换热研究的现状及前景

　　超临界流体流动换热(对流换热)的研究始于 20 世纪 30 年代,最初的研究目的是发展超临界水作为工质的火电站及超临界水冷核反应堆。经过初步的试验探究,学者们发现超临界流体在准临界温度附近时,会出现不同于亚临界流体的规律,表现为换热系数时大时小。在大量的试验研究和数值模拟的基础上,学者们总结出超临界流体的复杂流动换热性质的根本原因是剧烈的变物性,且因为物性变化而出现的浮升力和热加速作用会使流体换热出现局部强化和恶化，较高的热流密度会让流体在超临界温度附近出现物性剧烈的变化，进而导致传热恶化。

飞行器用燃料及冷却剂一般为碳氢混合物，在不涉及裂解反应时可以将其视为物质组成不变的流体，并运用类似于无机纯流体的研究方法来研究碳氢燃料的流动换热。但与水或二氧化碳等组分单一的无机纯流体相比，碳氢燃料作为诸多碳氢化合物的混合物，其组分众多且不存在占比特别高的某一组分。各组分临界点不同，升温时进入超临界状态也有先后之分。因此，相比于无机纯流体有确定的临界点或者狭小的临界区间，碳氢燃料的临界区间在一个较宽的范围内，这导致其近临界或近拟临界温度区域的传热特性变化不像无机纯流体表现得那样剧烈，但是也导致用单一拟临界温度定义后的变物性传热关联式不能较好地预测近拟临界温度区域的传热能力，利用无机纯流体得到的超临界换热关联式常常无法较好地描述碳氢燃料近拟临界区的传热能力。

针对超临界压力下流动换热的传热机理，学者们基于大量理论推导、试验探究和数值模拟的结果提出了不同的换热模型并进行了机理解释，这些解释大体上可以分为两类：一类是"变物性"理论；另一类是"拟沸腾"理论。

"变物性"理论认为，超临界压力区域的流体传热过程与亚临界压力下对流传热非常相似，只是由于流体物性变化剧烈，此状态下的传热不能仅仅被看做纯强迫对流，而应看作浮升力主导的自然对流和惯性力主导的强制对流换热相结合的过程，因此此状态下的传热规律可以应用变物性湍流模型描述。Petukhov[11]详细讨论了湍流条件下考虑流体变物性的管道中的传热和摩擦压降的分析方法，并且指出变物性情况下传热的理论解与试验结果之间偏差很大（尤其是在沿流向物性变化剧烈的时候），这可能是物性变化对湍流扩散的影响没有得到准确估计导致的。

"拟沸腾"理论则认为，超临界压力区域的流体传热过程是一个与亚临界压力下沸腾传热类似的过程，称为"拟沸腾"。这种理论的依据是在

Goldmann[12]进行的超临界压力试验中观察到有尖啸产生，这种高频率高强度的声音类似亚临界压力下沸腾时的尖啸，说明即使是在超临界压力下仍可能有气液相共存，尽管这两相也许并不会平衡；也有学者通过对垂直上升光管内临界压力区水传热特性的研究，认为高热流密度下的传热恶化是因为加热壁面被一层密度相对平均密度低很多的流体层所覆盖，形成了传热能力很差的薄膜，类似亚临界压力下的膜态沸腾。

总体而言，学界对超临界压力碳氢燃料无化学反应流动换热进行了较为全面而深入的研究。无化学反应时燃料物质组成在冷却通道内轴向和径向方向上均没有变化，可类比为具有强变物性的单相流体，因此研究方法相对成熟简单，只是在近临界区由于强变物性及变物性造成的浮升力和热加速等效应使得对流换热规律变得复杂。

随着飞行器飞行马赫数的逐渐提高，势必需要用到碳氢燃料裂解化学热沉来进行高效的飞行器主动热防护，而主动热防护冷却通道内碳氢燃料裂解与流动换热强烈耦合在一起，裂解反应的发生增加了燃料总吸热热沉，但也导致吸热热沉与燃料温度不再一一对应，同时大分子燃料裂解为众多小分子碳氢化合物的过程使得燃料流动换热特性异常复杂，冷却通道径向截面内出现了因各位置裂解程度不同而形成的浓度场。

Jiang 等[13]针对系列单组份模型化合物和 RP-3 航空煤油进行试验探究并结合方程计算，结果表明裂解碳氢燃料的临界点强烈依赖于碳氢化合物类型和裂解转化率，且当裂解转化率超过 30% 时，碳氢燃料在电加热管内可能会经历超临界压力压缩液态、超临界态、气态的相转变过程。裂解后的碳氢燃料将不再是超临界流体，而是气态裂解产物、超临界态未裂解碳氢燃料以及固态积碳组成的多相流。

不难发现，裂解反应的发生使混合物物性变化更为复杂，并且引入了径向截面内的传质过程，碳氢燃料吸收热能不再单一地转化为内能，而是同时转化为内能和化学能。裂解与流动换热的相互作用决定了碳氢燃料热沉利用的程度和水平，也决定了碳氢燃料与通道壁面之间的对流换热能

基于超临界碳氢燃料热沉的航空发动机主动热防护技术浅谈

力。因此，对碳氢燃料裂解与流动换热耦合作用进行研究，是理解冷却通道内碳氢燃料热沉释放规律的前提，也是将来精细化设计主动热防护冷却通道的基础。

目前，针对碳氢燃料的裂解与流动换热耦合过程，学界进行了广泛的试验和数值研究，得出了许多重要的定性结论，如裂解转化率及热沉随操作条件的变化，裂解导致燃料混合物物性的变化，裂解与碳氢燃料流动传热之间的相互影响等。但目前多数数值研究所采用的一步总包裂解反应模型只适合轻度裂解范围，一般都在 25% 裂解转化率以下，而详细多步裂解反应模型虽然可以应用到深度裂解工况，但在较高裂解转化率下预测误差较大。而在目前的试验研究中，加热管内局部碳氢燃料温度数据因为有化学吸热的发生而不再与焓值成一一对应关系，多数研究者采用数值方法间接估算局部碳氢燃料温度，导致得到对流换热系数偏离真实值。总体而言，多数研究目前不够系统深入，对传热现象深层次的机理分析较少，而对碳氢燃料的裂解与流动换热耦合过程的试验和数值研究将是后续学界在超临界碳氢燃料流动换热领域的重点研究方向之一。

结语

利用碳氢燃料作冷却剂为高超声速飞行器提供主动热防护具有重大的发展前景，高温条件下热裂解反应的发生可以在碳氢燃料物理热沉的基础上增加化学热沉，从而提升碳氢燃料总吸热热沉，拓宽飞行包线。目前，对无裂解反应时超临界碳氢燃料流动换热的研究已经比较深入且取得了丰厚的成果，并以燃油 - 空气换热器形式成功应用在现有航空发动机型号上面。但是，针对带有裂解化学反应的碳氢燃料主动热防护技术应用的研究仍然不全面、不充分，在未来的研究中，需要集中力量突破对超临界碳氢燃料裂解反应与流动换热深度耦合作用过程的认知，摸清碳氢燃料热沉释放的规律和边界，并对主动热防护技术实施有极大威胁的热氧化结焦和热裂解结焦的抑制措施进行更深入研究，形成系统的碳氢燃料应用理论体系，推动我国高超声速飞行器的发展。

参考文献

[1] GLASS D. Ceramic matrix composite (CMC) thermal protection systems (TPS) and hot structures for hypersonic vehicles[C]//15th AIAA International Space Planes and Hypersonic Systems and Technologies Conference. Veston, VA: AIAA, 2008: 1-36.

[2] 徐林, 张中伟, 许正辉, 等. 超燃冲压发动机热防护技术[M]//杜善义, 肖加余. 复合材料: 创新与可持续发展 (下册). 北京: 中国科学技术出版社, 2010: 1117-1122.

[3] BRUENING G B, CHANG W S. Cooled cooling air systems for turbine thermal management[C]//ASME 1999 International Gas Turbine and Aeroengine Congress and Exhibition. New York: ASME, 1999. DOI:10.1115/99-GT-014.

[4] XIE G N, XU X X, LEI X L, et al. Heat transfer behaviors of some supercritical fluids: a review[J]. Chinese Journal of Aeronautics, 2021, 35(1): 290-306.

[5] DOE U S. A technology roadmap for generation IV nuclear energy systems[J]. Philosophical Review, 2002: 66.

[6] TSUJIKAWA Y, NORTHAM G B. Effects of hydrogen active cooling on scramjet engine performance[J]. International Journal of Hydrogen Energy, 1996, 21(4): 299-304.

[7] RICE F O, HERZFELD K F. The thermal decomposition of organic compounds from the standpoint of free radicals. VI. The mechanism of some chain reactions[J]. Journal of the American Chemical Society,

1934, 56(2): 284-289.

[8]   DINDA S, VUCHURU K, KONDA S, et al. Heat Management in Supersonic/Hypersonic Vehicles Using Endothermic Fuel: Perspective and Challenges[J]. ACS Omega, 2021, 6(40): 26741-26755.

[9]   EDWARDS T, ZABARNICK S. Supercritical fuel deposition mechanisms[J]. Industrial & Engineering Chemistry Research, 1993, 32(12): 3117-3122.

[10]   朱锟, 邓宏武, 王英杰, 等. 超临界压力下航空煤油结焦换热综述及实验[J]. 航空动力学报, 2010, 25(11): 2472-2478.

[11]   PETUKHOV B S. Heat transfer and friction in turbulent pipe flow with variable physical properties[J]. Advances in Heat Transfer, 1970, 6(503): 503-564.

[12]   GOLDMANN K. Special Heat Transfer Phenomena for Supercritical Fluids[R]. Nuclear Development Corporation of America, White Plains, New York, 1956.

[13]   JIANG R, LIU G, YOU Z, et al. On the critical points of thermally cracked hydrocarbon fuels under high pressure[J]. Industrial & engineering chemistry research, 2011, 50(15): 9456-9465.

付衍琛，北京航空航天大学航空发动机研究院副教授，北航航空发动机研究院院长助理，《推进技术》期刊青年编委，入选中国科协"青年托举工程人才"和北航"青年拔尖人才支持计划"。主要研究方向为超临界压力流体流动换热、高温高压流体热物性测量、空天用高效紧凑换热器、高超声速预冷。主持／作为骨干参与"两机"专项基础研究专题、"两机"基础科学中心项目、国家自然科学基金等多项国家级重大科研课题。获中国航发集团科学技术进步奖三等奖 1 项、国防科学技术进步奖一等奖 1 项（13/15）。发表 SCI/EI 论文 40 余篇，申请及获批国家发明专利 10 余项。

绚烂的磷光
——先进固体温度场测试技术

北京航空航天大学航空发动机研究院

全永凯

航空发动机是一种极其复杂和精密的热力机械，是飞机的"心脏"。航空发动机的技术突破对促进我国经济发展、增强国防实力、提升综合国力具有重要意义。图1所示为航空发动机透视图。一台典型的航空发动机一般由2万～3万个零部件构成，涉及总体与仿真、气动与声学、传热与燃烧、结构强度与可靠性、试验测试与控制、先进制造、先进材料、适航与安全等诸多学科领域，需要多学科协同攻关。

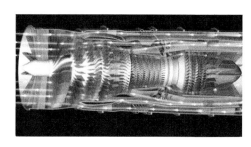

图 1　航空发动机透视图

目前，航空飞行器正向高机动性、高超声速等方向发展，这就意味着对航空发动机推重比的需求持续增大。相关数据表明，在其他条件不变的情况下，涡扇发动机涡轮进口温度每提升55 K，该发动机的最大推力就可以提升近10%。因此，在材料耐高温能力和涡轮叶片冷却技术允许的情况下，尽可能提升发动机涡轮进口温度是提升发动机推力的重要手段，图2所示为航空发动机涡轮进口温度的提升历程。现阶段航空发动机涡轮进口温度已接近2000 K，而最好的二代单晶合金的最高耐受温度为1376 K。极高的温度，加上高压、高速旋转等多种影响因素的共同作用，使得航空发动机的核心热端部件（涡轮叶片、涡轮盘、支撑轴承等）极易发生破坏和失效。所以，热端部件表面温度的准确获取直接关系到热端部件的安全性和使用寿命。航空发动机的先进测试技术，尤其是针对热端部件高温表面的温度测试技术，在航空发动机的研制及使用过程中具有重要意义。目前，成熟的温度测试技术均难以适用于航空发动机高温、高压、高振动的恶劣环境，研发适用于航空发动机复杂环境的固体表面温度测试技术是航空发动机发展的关键。

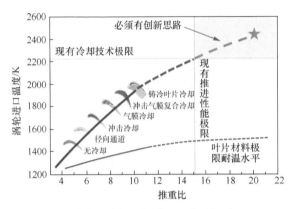

图 2　航空发动机涡轮进口温度的提升历程

航空发动机的测温技术

　　航空发动机热端部件表面温度测试技术可以分为两大类：以热电偶测温、晶体测温、光纤测温等为代表的接触式测温技术和以示温漆测温、辐射测温、磷光测温等为代表的半 / 非接触式测温技术。

　　热电偶测温是目前应用最为广泛的接触式测温方法，测量上限可达 3273 K[1]。热电偶的测温原理基于"塞贝克效应"，即两种不同材料的导体连成一个回路，当两个节点存在温度差时，回路内会出现热电势，通过读取回路热电势可以获得相应的温度值。传统热电偶在测量固体表面温度时，通常需要在被测物体表面加工出槽道，然后将热电偶埋入槽中，再通过喷涂、黏结等工艺将热电偶固定。该方法具有工艺简单、响应时间短等优点，但存在只能测试点温度、会破坏被测面结构、改变原有温度场且在测量旋转部件时需要通过滑环引电器将信号导出、安装拆卸均不方便等缺点导致其几乎不可能直接应用于测量航空发动机热端部件的表面温度。近年来，随着微机电系统的蓬勃发展，采用真空溅射、电镀等工艺将两种金属薄膜直接镀在被测物体表面的薄膜热电偶（见图 3）应运而生。与传统热电偶相比，薄膜热电偶具有以下优点：① 直接镀在被测物体表面，不会对被测物体结构产生大的破坏；② 对被测物体表面温度场影响小且对被测物体表面的气流扰动小；③ 响应速度快；④ 具有较强的耐磨、耐热、耐压特性。但是，在高温、高转速、强振动工作环境下，薄膜热电偶存在引线断裂和绝缘物易脱落等问题，大大限制了其在航空发动机热端部件测温领域的应用。

图 3　薄膜热电偶

晶体测温技术基于晶体的"温度记忆效应"，即将被高能粒子辐照过的晶体（辐照晶体）安装在被测物体表面，用高温黏合剂固定后在被测物体表面焊接金属片测温。测温结束后，将辐照晶体取出并测试辐照晶体残余缺陷浓度，根据标定曲线就可以分析出测试过程中辐照晶体承受的最高温度。目前，辐照晶体的典型测温上限可达 1873 K，测温精度可达 ±1%[2]。相比传统热电偶测温，辐照晶体尺寸小、无引线，引起的局部温度扰动小，可以用于航空发动机热端部件特殊位置处的温度测量。但是，晶体测温技术只能获得被测物体经历的最高温度，无法实现温度的实时测量。此外，安装辐照晶体时，需要在被测物体表面开孔，会对被测物的结构强度产生影响，辐照晶体在安装和拆除时还可能造成辐照晶体损伤，降低辐照晶体成活率，这些缺点极大地限制了该方法的应用。另外，辐照晶体是一种不可逆的温度测量传感器，其晶体晶面间距的变化率与温度变化的历程中最高温度及其持续时间相关，在使用时需要对其进行标定，图 4 所示为晶体标定装置。

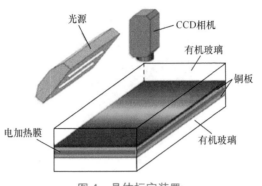

图 4　晶体标定装置

如图 5 所示，光纤测温是利用光纤自身的温度敏感特性，通过与被测物体直接接触来测量温度[3]。最常使用的光纤温度计为蓝宝石光纤温度计，主要包括 3 种类型：热辐射式光纤温度传感器、荧光式光纤温度传感器和光干涉式光纤温度传感器。热辐射式光纤温度传感器测温下限偏高，一般只能用于高温测试环境。荧光式光纤温度传感器在高温荧光下会发生"热猝灭"现象，同时背景辐射增强时，信噪比降低，这大大限制了荧光式光纤温度传感器的高温应用。目前，光干涉式光纤温度传感器还存在着较多问题尚未解决[4]。

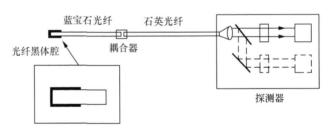

图 5　光纤测温

示温漆的测温原理：热敏感材料受到温度变化影响后会发生物理或化学变化，引起颜料的颜色变化。根据能否回到变色前的颜色，示温漆涂料可以分为可逆示温漆和不可逆示温漆。可逆示温漆应用温度偏低，故在航空发动机测温时主要使用不可逆示温漆[5]。示温漆具有成本低、测温范围大、不破坏被测物体、操作简单等优点，可以在航空发动机复杂结构处进行测量，这是传统热电偶无法做到的。但是，示温漆也存在以下缺点[6]：

① 只能测量被测物体经过的最高温度，无法实现动态测试；② 示温漆颜色变化易受加热速率、环境等因素干扰，且测温结果的判读过程受主观因素干扰很大，降低了示温漆的测试精度；③ 示温漆无法连续使用，每次试验需拆卸测试样件后重新喷涂。这些问题限制了示温漆在航空发动机上的大规模应用，需要进行进一步的技术改进。图 6 所示为中国燃气涡轮研究院研制的示温漆 TSP-M05 的应用情况。

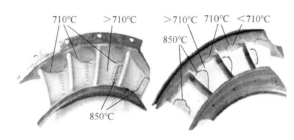

图 6　中国燃气涡轮研究院研制的示温漆 TSP–M05 的应用情况

　　辐射测温的测温原理：通过采集被测表面发出的热辐射，然后根据热辐射理论计算被测表面温度。根据测试方法不同，辐射测温可以分为全辐射测温、亮度测温、比色测温、多波长测温等。全辐射测温和亮度测温都要求准确获得被测表面发射率，这在绝大多数应用场景下是极难实现的。为了消除被测表面发射率的干扰，比色测温通过测量两个波长的辐射强度之比来获得温度值，但这种方法对波长选择要求较高，如果存在对某一波长选择性吸收的介质就会造成很大的测温误差。多波长测温选择多个离散波段进行测温，解决了发射率干扰问题，但系统过于复杂，成本较高。作为应用最为广的非接触式测温技术，辐射测温具有不干扰待测表面、分辨率高、测试范围大、响应快、可靠性好等优点，对在高温、高压、高转速环境下工作的航空发动机来说，是一个很好的选择。但是，现有的辐射测温技术普遍存在反射辐射和燃气吸收散射干扰、需要确定被测物体表面发射率等一系列问题，直接影响了测温精度，难以满足未来航空发动机的测试要求 [7]。

什么是磷光测温技术

磷光测温技术通过在待测物体表面涂敷或掺杂稀土元素粉末，采用特定波长的激光照射后采集磷光发射光谱，根据光谱特性和温度的映射关系反推出待测物体表面温度。磷光测温技术可以用于固体表面二维温度场测量，除具有精度高、测温范围大、不干扰待测温度场等优点外，还有受燃气组分吸收散射影响小、可同时测量表面和内部温度场的特点，这使得磷光测温技术在航空发动机温度场测试中具备独特优势。

磷光是一种区别于受热发光的冷态发光形式，具备受激发出磷光能力的材料称为磷光材料，通常由陶瓷与镧系稀土元素掺混组成。磷光的形成过程：激发光激励磷光材料，磷光元素电子吸收激发光能量跃迁至较高能级，处于高能级的电子无法稳定存在，维持一定时间后会再跃迁至低能级，并在该过程中释放能量。其中，一部分能量引起晶格振动，并最终以热能的形式释放；另外一部分能量则以发光的形式释放，即荧光或磷光。通常来讲，荧光与磷光以其发光的持续时间来区分，并无本质区别，其中荧光持续时间小于 10^{-8} s，磷光持续时间为 $10^{-5} \sim 10^{-3}$ s，表现为激励撤下后有较长的余晖。正是由于磷光持续时间较长，这使粒子有足够长的时间与周围环境发生相互作用且影响发出磷光的性质，该种相互作用通常与热相关，故磷光中包含了环境的温度信息。

磷光测温技术的发展历程

磷光测温技术起源于 20 世纪 30 年代，但受限于当时的材料、传感器、光学元件等技术制约，一直未能得到广泛应用。20 世纪 80 年代起，随着高效磷光材料、大功率激光器、光电倍增管和 CCD 相机等技术的进步，磷光测温技术得以快速发展。20 世纪末，随着大气等离子喷涂（APS）和电子束物理气相沉积（EB-PVD）等热障涂层喷涂工艺的进步，Choy

等提出通过将稀土元素掺杂于热障涂层的方式，实现了涡轮叶片的温度分布测量。经过测试，微量的稀土元素不会破坏热障涂层的原有晶格结构，对热障涂层隔热性能影响极小，因此该结构被称为"传感"热障涂层（thermal barrier sensor coating）。"传感"热障涂层概念一经提出，迅速成为诸多科研单位的研究目标。目前，英国帝国理工学院和美国国家航空航天局（NASA）已分别成功地将该项技术用于燃气轮机的试验测试当中[8-9]。国内对磷光测温技术的研究起步于 2010 年左右，现仍处于磷光材料的制备和探索阶段，尚无在航空发动机等环境下的实际工程应用，只有少数科研单位在实验室环境下开展了部分原理性验证工作，且测试指标整体偏低。

我们开展的相关工作

2019 年起，北京航空航天大学全永凯团队基于前期航空发动机旋转换热研究基础，针对磷光测温技术开展了深入研究。图 7 所示为团队建立的磷光测温系统[10]。激发光由光源产生后穿过机匣内部的燃气，照射在喷涂有磷光涂层的测温表面并激发出磷光。

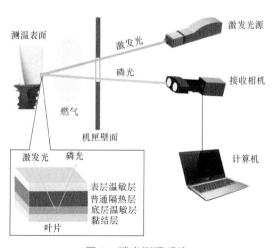

图 7 磷光测温系统

为了探索激发光与磷光在实际应用时的信号衰减机理，团队以热障涂层的应用为例，建立了图 8 所示的多层结构热障涂层测温模型，该模型包含表层温敏层、普通隔热层以及底层温敏层。其中，1 为表层温敏层，厚度为 d_1；2 为位于中间的普通隔热层，厚度为 d_2；3 为底层温敏层，厚度为 d_3；4、5 分别为位于涂层两侧的空气与黏结层基底。从 4 的位置向涂层发射分别可激发表层温敏层及底层温敏层磷光物质的激发光，激发后，表层温敏层及底层温敏层分别发出磷光，根据两温敏层的光强比结果就可以同时得到表层及底层的温度。基于该模型，利用 Kubelka-Munk（KM）理论对激发光在涂层内的消光过程及磷光在涂层内的产光、消光过程的深入分析，可建立消光函数和产光函数，从而可进一步研究激发光和磷光在单层及多层涂层中的分布及出射强度规律。该研究量化了激发光在给定涂层内的衰减特性、涂层厚度对激发光出射光强度的影响以及激发光返回空气方向的激发光光强与厚度的关系。研究结果表明：① 沿涂层深度方向，激发光强度在涂层内呈指数下降，磷光在涂层内强度先增后降；② 对于总厚度为 200 μm、表层及底层温敏层厚度分别为 10 μm 及 20 μm 的"智能"热障涂层，在表层、底层温敏层激发光强度为 100 mJ 及 150 mJ 时，激发光强度足够对整个"智能"热障涂层各温敏层产生有效激发；出射磷光强度最低约为 10^{-2} mJ，达到了相机可接收处理的强度要求。因此，该模型从原理上验证了基于多层结构同时获取热障涂层表层和底层的温度的磷光测温方法是可行的。

为了验证磷光测温技术在航空发动机复杂燃气环境下的应用可行性，团队基于典型燃气组分对可见光以及近紫外光的吸收散射特性开展了全面研究。当应用对象为涡轮叶片时，主要考虑高温高压燃气对光学性能的影响。光通过燃气时，一方面部分光能被吸收转变为燃气的内能，使光强随传播距离的增大而减弱，即为光的吸收影响，主要由气体分子引起；另一方面，光通过不均匀燃气介质时，会偏离原来的方向向四周传播而使光强大幅减弱，即为光的散射影响，主要由气体分子及燃烧产生的碳烟颗粒造成。

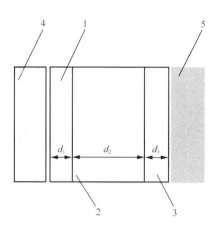

图 8　多层结构热障涂层测温模型

1—表层温敏层；2—普通隔热层；3—底层温敏层；4—空气；5—黏结层基底

　　基于上述两种影响途径，团队分析了典型燃气组分对可见光以及近紫外光的吸收特性，结合典型的磷光测温波长范围，评估筛选出适合的发光材料种类，并进行了测温结果影响分析。研究结果如图 9 所示，航空发动机燃气主要成分中的 H_2O、CO、NO、O_2、CO_2 等对红外波段（波长 $\lambda>1000$ nm）辐射的吸收率（含散射）最高可达 90%，导致基于红外波段的传统辐射测温法在航空发动机环境下工作时的测试误差很大。相比之下，在 350 ～ 650 nm 波段范围（磷光工作范围）内，NO_2 气体分子吸收之外的吸收和散射都可忽略。而采用比光强法测温时，NO_2 对光强比的影响在 Sm 的 607/646 nm 波段可以忽略，在 Dy 的 482/493 nm 波段对测温结果的影响不超过 1%。因此，各种燃气组分在可见 - 紫外波段的吸收散射对基于比光强法的磷光测温结果的影响均可以忽略。

　　另外，为了分析实际航空发动机在极高热辐射环境下的信噪比，团队对航空发动机典型温度环境下的背景辐射开展了深入研究，通过理论分析及数值模拟的方法，建立了背景辐射模型，对背景辐射问题进行分析。如图 10 所示，背景辐射主要分为：激发光反射辐射、涡轮叶片自身热辐射、涡轮机匣等热辐射在叶片产生的反射辐射、介质辐射、杂散荧光（磷光＋荧光）辐射 5 部分。背景辐射计算模型如图 11 所示，按照光线传播路径，基于漫射灰体假设分别对每一部分的背景辐射量进行定量分析，结果如下。① 在背景辐射中，占比最高的为激发光反射热辐射及涡轮叶片自身热辐射；对于杂散荧光辐射及激光反射辐射，可以采用时间分辨法去除。对于介质辐射中的化学反应辐射及气体辐射，可以采用滤波方法将其剔除。② 被探测器探测得的涡轮叶片自身热辐射，其水平随测温表面发射率增加而线性升高，且与壁面发射率无关；对于壁面反射辐射，随测温表面发射率增加而降低，随壁面发射率升高而升高。③ 通过使用电子快门的方法，可使系统磷光信噪比提升102倍。④ 使用滤波片，可使系统信噪比提升101～102倍。经过多种处理手段，可使磷光测温系统信噪比达到远超200的水平，论证了磷光测温技术在航空发动机复杂环境下应用的可行性。

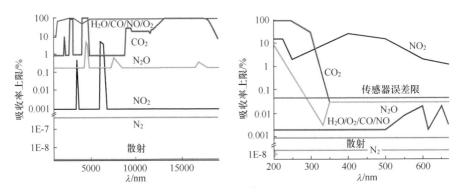

图9　燃气气体组分在红外波段和可见光波段的吸收率

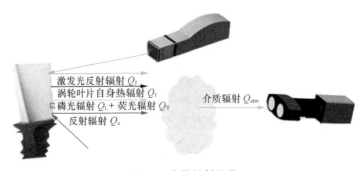

图10　背景辐射分类

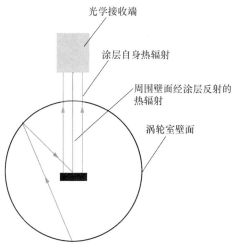

图 11　背景辐射计算模型

　　对于测试技术的开发而言，原理的试验验证至关重要，团队搭建了可用于测试不同温度下稀土元素磷光光谱，构建了稀土材料光谱特性数据库，建立了光谱特性与温度的映射关系模型的磷光测温光谱分析平台，如图 12 所示。该光谱分析平台具有高温度标定范围、高频响、高分辨率等特点，通过光谱分析平台，团队已获取部分稀土元素的磷光信号随温度变化的规律。在此基础上，还基于比光强法测温原理编写了磷光测温系统工作波长自动选择程序，并对程序进行了封装。图 13 所示为团队建立的光谱特征峰自动选择算法流程，其主要用途为基于磷光信号的光谱特征峰遴选出适合的特征峰组合，并最终建立光谱特征峰光强比（F/R）与温度（T）的映射关系模型。筛选后的特征峰拟合结果如图 14 所示，测试结果与拟合曲线贴合良好，从试验结果上验证了磷光测温方法的可行性。

绚烂的磷光——先进固体温度场测试技术

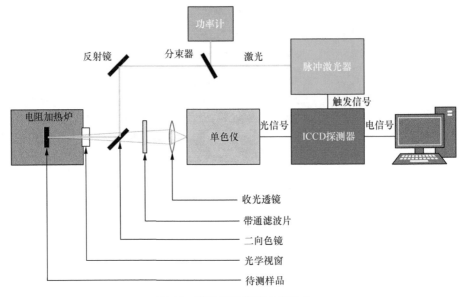

图 12　磷光测温光谱分析平台

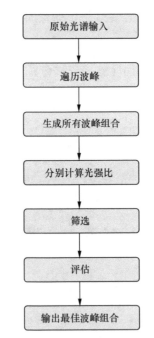

图 13　光谱特征峰自动选择算法流程

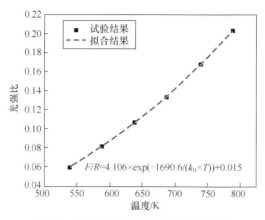

图 14　特征峰强度比与温度映射关系

结语

　　面对未来新一代航空发动机更加极端恶劣的工作环境——高温、高压、高转速、复杂燃气氛围、狭小工作空间等，航空发动机热端部件表面温度测量技术逐渐呈现出由接触到非接触、点到面/体、稳态到瞬态的发展趋势。总体来看，传统测温技术在一定程度上已面临发展瓶颈，远不能满足未来航空发动机极端环境下热端部件温度测量需求，近年来兴起的磷光测温技术具有非接触、精度高、分辨率高、受环境因素干扰小等一系列优势，能够应用于各种复杂的测试环境中，可以为未来航空发动机优化设计提供精准的数据支撑，助力航空事业跨越式发展。

参考文献

[1]　蔡静, 杨永军, 赵俭, 等. 航空发动机热端表面温度场测量[J]. 计测技术, 2009, 29(1): 1-3.

[2]　ROMANOV D, DEVOE J, GINZBURSKY L. Optimization

of temperature measurement technique used in high heat flux environment[C]//ASME 2011 Turbo Expo: Turbine Technical Conference and Exposition. New York: ASME, 2011: 1129-1136.

[3] YE L. Study on the single crystal sapphire high-temperature optical fiber sensor[J]. Journal of Zhejiang University(Natural Science), 1997, 31(5): 700-705.

[4] VINCENT T G, ROLFE E N, LOWE K T, et al. Aerodynamic analysis of total temperature probe thermal performance using conjugate heat transfer[J]. Journal of Thermophysics and Heat Transfer, 2019, 33(3): 830-843.

[5] 马春武. 示温漆温度自动判读与数字图像处理研究[D]. 南京: 南京航空航天大学, 2008.

[6] 李杨, 陈洪敏, 熊庆荣. 不可逆示温涂料的发展及应用[J]. 中国涂料, 2010, 25(5): 16-19.

[7] 蔡静, 杨永军, 赵俭, 等. 航空发动机热端表面温度场测量[J]. 计测技术, 2009, 29(1): 1-3, 8.

[8] HEYES A L. On the design of phosphors for high-temperature thermometry[J]. Journal of Luminescence, 2009, 129(12): 2004-2009.

[9] WRBANEK J D, FRALICK G C. Thin film physical sensor instrumentation research and development at NASA Glenn Research Center (NASA/TM-2006-214395) [R]. Cleveland, Ohio: 52th International Instrumentation Symposium, 2006.

[10] 刘榛丽. "智能" 热障涂层测温系统总体方案设计[D]. 北京: 北京航空航天大学, 2021.

全永凯，北京航空航天大学航空发动机研究院研究员、博士生导师，现任北京市实验教学示范中心负责人，航空发动机研究院实验设施部部长。主要研究方向为先进航空测试技术、旋转流动与换热。主持／承担"两机"专项基础研究专题、民用飞机专项科研、重点型号核心技术攻关、国家自然科学基金等多项国家级重大科研项目／课题。发表论文 40 余篇，获批国家发明专利近 20 项。获国防科学技术进步奖一等奖 1 项。

航空发动机噪声及其控制浅谈

北京航空航天大学能源与动力工程学院

邱祥海

北京航空航天大学航空发动机研究院

杜 林

过去半个多世纪以来,世界民航产业历经了爆发式增长,北美洲、欧洲和亚洲地区的航空客、货运量都先后在相当长的一段时期内维持了两位数以上的高速增长。随之而来的民航飞机噪声污染问题日益突出。

航空发动机噪声问题

噪声会引起诸如失眠、烦躁、高血压、心理与精神疾病等社会问题,民航飞机噪声问题从未像现在这样受到人们的重视。如图 1 所示,国际民航组织(ICAO)自 1972 年以来一再升级噪声标准,最严格的第五阶段民航噪声适航标准已于 2020 年完全生效,其允许累计噪声级比早期标准累计降低了 33 dB 之多,比前一阶段也有 7 dB 的可观降幅。严格的噪声标准提高了民航飞机的市场准入门槛,也是我国大飞机进入国际市场必须达到的关键技术指标。因此,无论是从满足噪声标准,还是保障人类健康的角度,民航飞机降噪技术的发展都刻不容缓。

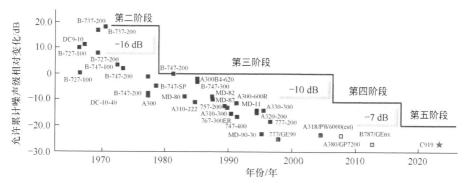

图 1　日益严格的民航噪声适航标准与民航飞机降噪趋势

民航飞机噪声主要分为机体噪声和航空发动机噪声两大部分,如图 2 所示。其中,航空发动机无疑是其中最主要的噪声源,是降噪的重点。图 3 所示为典型航空发动机噪声源随时间的演变[1]。20 世纪 50 年代,以英国哈维兰 DH106 彗星客机、美国波音 B707 客机为标志,涡喷发动机开始成为民航客机的动力源，高速喷流噪声是飞机噪声的主要来源。1960年，英国罗尔斯－罗伊斯公司的康威（Conway）小涵道比（涵道比为0.3）涡扇发动机开始在波音B707客机上服役，成为第一种被民航客机使用的涡扇发动机；通用电气公司的全球第一款大涵道比（涵道比为8.0）涡扇发动机TF39-GE-1A于1969年定型；同年，装配了普惠JT9D-3大涵道比（涵道比为5.2）涡扇发动机的波音747宽体客机试飞成功；1972年，英国罗尔斯－罗伊斯公司的RB211大涵道比（涵道比为5.0）涡扇发动机也随着洛克希德三星客机投入使用而开始服役。此后，涡扇发动机逐渐成为民航大飞机的主流动力源。随着航空发动机涵道比的增加，其喷流速度及喷流噪声大幅降低，而风扇尺寸逐渐增大。如图2和图3所示，风扇噪声在所有状态下均为航空发动机乃至整个飞机的最主要噪声源。

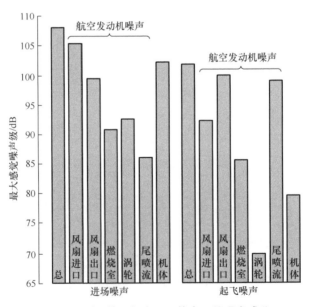

图2　典型民航飞机在不同状态下的噪声成分

针对航空发动机的风扇噪声，使用消声短舱是最重要的降噪手段。如图4所示，消声短舱是将声衬铺设于航空发动机短舱的进气流道和外涵排气流道的侧壁面，用以吸收由发动机风扇向外辐射的一定频带噪声的部件。

目前，国际上主流的民航飞机都采用涡扇发动机而不是效率更高的涡桨发动机，其中最重要的一个原因就是消声短舱在降噪中发挥着巨大的作用。统计表明，自20世纪60年代至2008年，航空噪声降低了至少20 dB，其中大部分都归功于高涵道比涡扇发动机的引入和更高效的消声短舱的使用[2]。

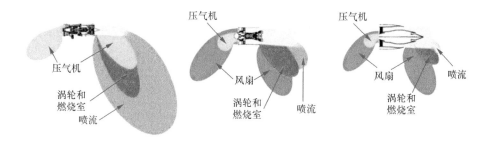

（a）20世纪60年代（函道比为1）　（b）20世纪90年代（函道比为6～8）　（c）2015年（函道比为12）

图3　典型航空发动机噪声源随时间的演变

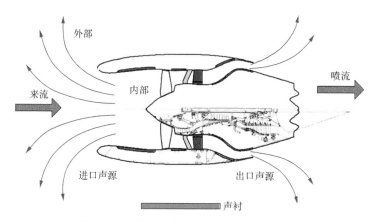

图4　典型航空发动机消声短舱的声衬布置

除了航空领域，管道内气动噪声的控制也常见于气动声学风洞、各类叶轮机械、汽车排气消声器、建筑暖通系统等其他工业领域。气动声学风洞是开展气动噪声源研究的一种重要试验平台。相比于普通风洞，气动声学风洞对一定流速下的风洞本体噪声有着更严格的要求，以图5（a）所示的奥迪声学风洞为例，它在 160 km/h 时的总体噪声只有 60 dBA，为达到这样的静音效果，该风洞在多个位置采用了不同类型的声处理：拐角处的导流叶片排表面铺设了填充多孔材料的体声衬；各类叶轮机械［见图 5（b）］被广泛地应用于包括风机送风、燃气轮机发电、大功率集成设备和电子产品散热等诸多领域，但与此同时，噪声也随之而来，为了改善员工的工作环境或用户的产品体验，降噪措施必不可少；汽车排气噪声主要产生于活塞内燃机，通常由 200 Hz 以下的低频纯音噪声和 500 Hz 以上的中高频宽频噪声组成。与航空领域类似，各地的汽车噪声标准也变得越来越严格。例如，欧盟规定中型轿车的允许噪声级将在 2026 年由 74 dB 降低到 68 dB。图 5（c）所示为一种典型的汽车排气消声器，其中的空腔和管道间断是用于抑制低频纯音的抗性消声结构，而高穿孔率管道结合填充于空腔内的多孔材料是用于抑制中高频宽频噪声的阻性消声结构。图 5（d）所示的建筑暖通管路常被用于大型建筑的中央空调系统、通风系统中，空调压缩机噪声和流道中的气动噪声是其主要声源，为了营造安静舒服的办公、居住环境，需要在管路外包裹隔声/热层，并在送风口进行消声处理。

（a）奥迪风洞的声处理导叶

（b）叶轮机械

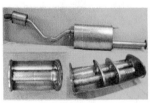

（c）汽车排气消声器

（d）建筑暖通管路

图 5　各类管道噪声控制问题

综上所述，管道内气动噪声的控制不仅局限于航空发动机消声短舱中，它是一类普遍存在的共性问题，相关消声技术的发展有着广泛的现实需求。

各领域的工业产品都在朝着小型化、扁平化、轻量化的方向发展，极大地压缩了降噪空间，进一步提高了降噪难度。这个问题在航空领域尤为突出。进一步提高涵道比已成为航空发动机的发展趋势：一方面，这将进一步增大风扇噪声的占比，并使风扇纯音噪声低频化，声衬须承担的降噪任务更重，且声衬厚度势必增加；另一方面，短舱管径随之增大，而出于减重减阻的考虑，短舱又呈现出了"短而薄"的发展趋势，这使得短舱的长径比和可用于敷设声衬的空间越来越小，对声衬空间利用效率的要求越来越高。因此，如何在更小的空间内实现更高的声能衰减，是该研究领域的研究者所面临的共同难题。

航空发动机噪声控制技术

在谈及具体降噪技术之前，有必要先简要介绍声阻抗的概念和几种典型的航空声衬降噪构型。声阻抗常被表示为频域的复变量，被定义为声衬表面在某个频率下的声压与法向声质点速度的比值，可用于描述声场中局域反应声衬的边界条件，其实部和虚部分别为声阻和声抗。在航空领域，上述降噪结构常以（局域反应）声衬的形式呈现，几种典型的航空声衬构型如图 6 所示。例如，图 6（a）所示的单层穿孔板声衬是一种经典构型，它以穿孔板耗散声能，并以蜂窝层调制吸声频率。双层穿孔板声衬［见图 6（b）］则在此基础上再多串联一层"穿孔层和蜂窝层"结构，以在一定程度上拓宽吸声频带。

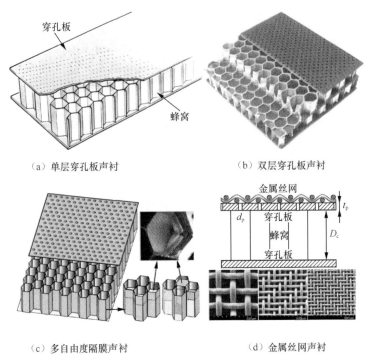

（a）单层穿孔板声衬　　　　　　　　（b）双层穿孔板声衬

（c）多自由度隔膜声衬　　　　　　　（d）金属丝网声衬

图 6　典型航空声衬构型

　　为了解决更小空间内更高效降噪的难题，我们需要首先着眼于短舱降噪声衬研制中的相关技术，即最优声阻抗 / 结构设计和试验验证。它对应于图 7 所示的声衬研制流程中的声阻抗优化、声衬结构设计和声阻抗提取试验 3 个基本环节：① 针对具体的几何、声源、流场和降噪需求，设计能带来最大降噪量的声衬最优声阻抗；② 选定合适的声衬类型，以最优声阻抗为目标，借助声阻抗模型来设计声衬结构；③ 对设计、加工完成的元件级声衬试样开展声阻抗提取试验，若验证符合设计则进入缩尺 / 全尺模型、发动机整机试验阶段，否则重新进行设计。在设计航空发动机声衬时，短舱内的复杂气动声学环境和降噪需求是首先要考虑的问题。典型大涵道比风扇噪声主要分布在 0.5 ～ 10 kHz 的较宽频带内，考虑到风扇叶片弯掠优化、转静叶片排距离改进等声源方面降噪带来的纯音衰减，风扇的宽频噪声日益突出。而且，航空发动机短舱内的气动声学环境在飞行包线内变化较大，主流马赫数最高达 0.8 左右，声压级高达 155 dB 左右，加之风扇噪声的宽频特性，声衬须在这些工况下都维持在最优降噪状态。

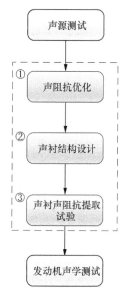

图 7　航空（局域反应）声衬研制流程

可见，航空环境复杂、降噪空间压缩、噪声标准严格——这三方面因素极大增加了航空声衬研制难度。为了进一步发展更高效的消声短舱，必须开展创新性研究，因此本领域的研究者正在进一步发展适用于复杂气动声学环境的先进高效航空声衬降噪技术，其关键在于对图 7 所示航空声衬研制流程的 3 个基本环节进行创新。下面对这 3 个基本环节进行简要介绍。

1.声阻抗优化

声阻抗优化是为不同工况下的具体问题准确地设计能带来最大降噪量的声衬最优声阻抗，从而创造最大声衰减，是需要首先考虑的工序。迭代搜索方法是一种通过成千上万次（如有限元）声场模拟来搜索最优声阻抗的数值方法，适用于复杂几何、流场和声源，并能给出准确的优化结果。然而，其单次模拟的计算量正相关于频率、计算域等，参数寻优时的模拟迭代次数又正相关于寻优空间维度、目标工况数，以至于该方法针对多工况、宽 / 高频问题时面临计算量激增数个量级的困境。对此，模态融合设计方法提供了另一种思路，它将降噪优化问题转化为特征值调控问题的解析设计方法，即利用模态融合技术将最小衰减模态尽可能往更高衰减方向移动，以最大化总降噪量，进而高效求解最优声阻抗。该方法由 Cremer 提出并经 Tester、Zorumski 和 Kabral 等发展，最近邱祥海和张吉等 [3-6] 进一步将其用于解决圆环管，有限长、局域 / 非局域声衬等的复杂设计问题。由于其解析特性，该方法相较于迭代搜索方法能显著提高设计效率 [7]。

2. 声衬结构设计

声衬结构设计即声衬建模，是为了获得适用于宽工况降噪的最优结构，包括物理建模和数学建模。物理建模即为发展更先进的宽频、线性声衬构型。多自由度是宽频声衬的典型策略，通过并联不同参数的多种声学单元，从而能够在不增加吸声面积和厚度的前提下，实现比双层穿孔板声衬更宽的吸声频带，符合短舱短而薄的发展需求。例如，图 6（c）所示的多自由度隔膜声衬，其早期构型在 1992 年就已应用于波音飞机。线性声衬则是一类采用微孔阻性结构来降低声衬对掠流和声强的敏感性，从而拓宽吸声的流速和声强范围的结构，以图 6（d）所示的金属丝网声衬 [8-10]、微穿孔声衬为代表，其中前者已应用于航空。Palma 等 [11] 和马绪强等 [12] 近期综述了航空声衬的发展，可供进一步查阅。数学建模则是要建立准确描述声衬在多种吸声机制下的声阻抗数学模型，如图 8 所示，除了黏性耗散外，还包含分别依赖于声强和流速的高声强效应 [13]、掠流效应 [14] 等。传统穿孔板声衬因后两种机制占主导而呈现出较强的敏感性；微孔结构能显著抑制这两类非线性机制，所以上述金属丝网声衬具有更宽工况下的适用性。

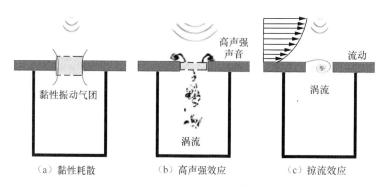

| （a）黏性耗散 | （b）高声强效应 | （c）掠流效应 |

图 8　航空声衬吸声机制

3. 声衬声阻抗提取试验

声衬声阻抗提取试验是在以图 9 所示的北航声衬声阻提取流管试验台条件下，采集被测声衬附近的声压场或声速度场等信息来提取声阻抗的技术。回顾航空声衬研制流程可以发现：① 在研究阶段，声阻抗建模需要声阻抗提取技术提供大量试验数据；② 在设计阶段，声衬经声阻抗优化和声衬结构设计后，进入后续发动机声学测试之前，也须开展声衬声阻抗提取以作试验验证。可见，无论研究建模阶段，还是声衬设计阶段，声阻抗提取技术都起到关键的基础支撑作用。然而，经典声学中的阻抗管法未引入掠流因而无法实现上述目的。为此，气动声学领域相继发展了多种相关试验方法，包括早期的原位测量法、单模态法等，以及目前主流但局限于低频二维平面波场的目标函数法、直接提取法等。随着航空降噪指标的进一步提高，声衬目标工况变得更宽更复杂，所以声阻抗提取方法须朝着更高频率、更多模态、更复杂气动声场的方向发展，为此，新近出现了适用于高频三维多模态场的三维目标函数法[15]、镜像多模态直接提取法[16-18]等。这些技术正在持续发展中，以期实现声衬声阻抗的高效和准确测量。

图 9　北航声衬声阻抗提取流管试验台

结语

　　本文简要介绍了航空发动机噪声问题及解决这一类气动噪声问题的紧迫性，并进一步呈现了典型航空发动机降噪声衬构型，浅谈了声衬研制流程中 3 个基本环节的研究现状和新近发展。总的来说，必须在以上 3 个基本环节均开展创新和突破性研究，建立"声阻抗优化→声衬结构设计→声阻抗提取试验"的一整套高效航空声衬研制流程，方能推动先进航空发动机声衬降噪技术发展，支撑 CJ1000A 等国产航空发动机降噪攻关与适航取证。

参考文献

[1]　HULTGREN L S, ARECHIGA R O. Full-scale turbofan engine noise-source separation using a four-signal method[R]. NASA TM 2016-219419, 2016.

[2]　CASALINO D, DIOZZI F, SANNINO R, et al. Aircraft noise reduction technologies: A bibliographic review[J]. Aerospace Science & Technology, 2008, 12(1): 1-17.

[3]　QIU X H, DU L, JING X D, et al. The Cremer concept for annular

ducts for optimum sound attenuation[J]. Journal of Sound and Vibration, 2019(438): 383-401.

[4] QIU X H, JING X D, DU L, et al. Mode-merging design method for nonlocally reacting liners with porous materials[J]. AIAA Journal, 2020, 58(6): 2533-2545.

[5] QIU X H, DU L, JING X D, et al. Optimality analysis of bulk-reacting liners based on mode-merging design method[J]. Journal of Sound and Vibration, 2020(485). DOI: 10.1016/j.jsv.2020.115581.

[6] ZHANG J, DU L, QIU X H, et al. Axial wavenumber-merging design method for finite-length liners[J]. Journal of Sound and Vibration, 2023(565). DOI: 10.1016/j.jsv.2023.117896.

[7] QIU X H, DU L, JING X D, et al. A combined design method for optimal acoustic treatment of annular aeroengine inlet based on Cremer impedance[C]//25th International Congress on Sound and Vibration, 2018.

[8] QIU X H, JING X D, DU L, et al. Nonlinear effect of wire mesh liners subjected to high sound pressure level[J]. AIAA Journal, 2022, 60(9): 5521-5532.

[9] QIU X H, LIAO J F, Du L, et al. Acoustic effect of wire mesh liners subjected to grazing flow[J]. Journal of Sound and Vibration, 2024 (582). DOI: 10.1016/j.jsv.2024.//845.

[10] 廖峻锋, 景晓东, 邱祥海. 新型航空金属丝网声衬掠流特性实验研究 [J]. 航空学报, 2023,44(21). DOI: 10.7527/S1000-6893.2023.28537.

[11] PALMA G, MAO H, BURGHIGNOLI L, et al. Acoustic metamaterials in aeronautics[J]. Applied Sciences, 2018, 8(6). DOI: 10.3390/app8060971.

[12] MA X Q, SU Z T. Development of acoustic liner in aero engine: a review

[J]. Science China Technological Sciences, 2020, 63(12): 2491-2504.

[13]　TAM C K W, JU H, JONES M G, et al. A computational and experimental study of slit resonators[J]. Journal of Sound and Vibration, 2005(284): 947-984.

[14]　JING X D, SUN X F, WU J S, et al. Effect of grazing flow on the acoustic impedance of an orifice[J]. AIAA Journal, 2001, 39(8): 1478-1484.

[15]　TROIAN R, DRAGNA D, BAILLY C, et al. Broadband liner impedance eduction for multimodal acoustic propagation in the presence of a mean flow[J]. Journal of Sound and Vibration, 2017(392): 200-216.

[16]　QIU X H, YANG J, JING X D, et al. Mirror-based multimodal straightforward method for impedance eduction using a zigzag array [J]. Journal of Sound and Vibration, 2024(576). DOI: 101.1016/J.JSV. 2024.118237.

[17]　QIU X H, XIN B, JING X. Straightforward impedance eduction method for non-grazing incidence wave with multiple modes[J]. Journal of Sound and Vibration, 2018(432): 1-16.

[18]　JING X D, WANG Y J, DU L, et al. Impedance eduction experiments covering higher frequencies based on the multimodal straightforward method[J]. Applied Acoustics, 2023(206). DOI: 10.1016/j.apacoust. 2023.109327.

邱祥海，北京航空航天大学航空发动机研究院副教授。研究方向为航空短舱声衬降噪技术，包括高效声衬设计方法、先进声阻抗实验提取技术、宽频线性低流阻航空声衬与声阻抗建模、声学超材料等。

杜林，北京航空航天大学航空发动机研究院研究员。研究方向为叶轮机非定常流动、气动弹性、气动声学等。

从失速先兆看高负荷压气机流动失稳触发机制

北京航空航天大学航空发动机研究院

潘天宇

航空发动机是飞机的心脏，被誉为"现代工业皇冠上的明珠"[1-2]。航空发动机之难，在于要在高速、高压、高温等极端环境下实现高性能、长寿命。其中，尤为典型的一对矛盾是压气机在保证高速、高压比的条件下还要保证高的工作稳定性和足够宽广的失速裕度。这对矛盾的核心就是风扇 / 压气机的流动不稳定性问题。据美国空军的统计数据显示：战斗机、轰炸机、教练机、运输机、攻击机等 5 类飞机的推进系统出现气动稳定性故障的平均值超过 30%。随着压缩系统负荷需求的不断提升，流动不稳定性问题越发严重。那么压气机流动不稳定性问题是怎么产生的？学者经过将近一个世纪的研究，对于流动失稳如何触发有了丰富的研究结论。其中，失速先兆的发现与研究把高负荷压气机流动失稳触发机制的研究带入了新的高度。

经典失速先兆的发现和研究

自 Prandtl 等在 1926 年首次在水泵中发现旋转失速现象之后，众多学者针对压气机流动失稳开展了大量的试验和模型研究[3]。1976 年，Greitzer[4-5]通过压缩系统的一维、不可压流、无黏非线性模型描述了旋转失速和喘振两种现象，并提出用 B 参数来描述一个压缩系统旋转失速和喘振两种非定常流动失稳现象的临界状态。针对压缩系统旋转失速，在 B 参数提出几年之后，Moore、Greizter[6-7] 以及 Hynes[8] 的理论分析指出可能存在一种速度扰动优先发生于旋转失速，这种扰动就是失速先兆。学者们相继针对不同类型的失速先兆展开研究，开启了对于失速先兆研究的大门。经过 30 多年的研究，小幅值、大尺度的模态波和快速发展的小尺度突尖波是目前公认的两种经典失速先兆。

1. 模态波的发现及研究

Moore、Greitzer[6-7]针对过失速动态响应建立了动态三阶偏微分方程组 M-G 模型，指出模态波会随着压气机节流而逐渐增强，最终发展成旋转失速团，从而导致压气机失速。当压气机节流进入小流量状态时，模态波扰动的幅值很小，在背景噪声或者其他信号中不易被察觉，在接近压气机失速流量点时，模态波扰动的幅值将快速增大。该过程使模态波型失速发展过程看起来像是突然发生的，但实际上模态波扰动是平稳地发展为旋转失速团的。这一现象后被 McDougall 等 [9] 在试验中通过周向均布的热线传感器捕捉，并证明模态波由压气机内部流场中某些周向不均匀扰动引起，是系统层面的失稳。Garnier 等 [10] 指出模态波的发展有两个阶段：初始阶段和失速阶段，并且模态波扰动可以看作多个正弦波动的叠加。

2. 突尖波的发现及研究

当学者们认为凭借对模态波的成功抑制就可以有效地解决压气机旋转失速问题时，Day[11] 在一台低速压气机中，通过高响应周向吹气阵列抑制一阶周向模态后，发现了与模态波截然不同的失速初始扰动。Day[12] 首次发现，在转子叶尖区域发生了一种区别于模态波的短波长失速初始扰动，并将其命名为突尖波。突尖波起初出现时只影响几个叶片排，且其空间尺度被限制在一定的叶片高度范围内，然后在叶片排的不同通道内形成一个或多个随机数量的小尺度失速团，最后在 2 ～ 10 个转子周期内迅速扩展为旋转失速团，导致压气机失速。

随着突尖波的发现，对于其触发机制的研究成为学者们的焦点。随着计算流体力学技术的发展，大量试验和数值研究工作逐步探索出突尖波的物理本质。由于其发生在转子叶尖区域，学者们便试图将突尖波与叶尖泄漏涡形成关联：Hoying 等 [13] 在研究叶片通道内流动结构对失速初始扰动影响的数值模拟中首次捕获了突尖波失速初始扰动，发现在压气机节流过程中，泄漏涡涡线的方向近似垂直于轴向速度方向时流动处于临界平衡状态，进一步节流将会诱发突尖波失速初始扰动；Hah 等 [14] 准确地模拟了小尺度失速先兆的产生过程，发现小尺度扰动首先出现在尾缘吸力面处，接着向上游传播并最终发展为失速团，而顶部泄漏涡在失速过程中向上游运动且分裂为失速团中更小的三维涡结构。进一步，Vo 等[15-16]提出了亚声速压气机出现突尖波失速初始扰动的两条准则（见图1）：① 顶部间隙流动从转子前缘叶尖溢出（前缘溢流）；② 来自邻近叶片通道的顶部间隙流在尾缘处叶片顶部区域出现反流（尾缘反流）。然而，2012年，Pullan 等[17]改变了对于突尖波发生机制的认识：发现转子叶尖泄漏流并不是压气机发生突尖波失速初始扰动形成的必要因素，如图2所示，在一台带冠压气机中依然捕捉到突尖波的存在，并通过数值模拟证实，突尖波的发生与转子通道内的径向涡有关，而径向涡是由前缘分离发展而来。

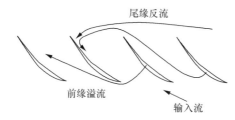

图 1　亚声速压气机突尖波发生的两条准则[15-16]：前缘溢流与尾缘反流

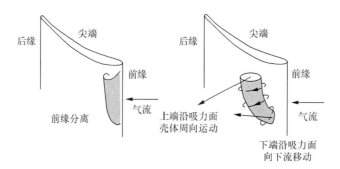

图 2　前缘分离形成径向涡的发展过程[17]

　　总结上述对于突尖波失速先兆的研究，发现突尖波失速先兆与局部扰动紧密相关，如缘溢流、尾缘反流、径向涡、泄漏涡破碎等，但是突尖波的物理本质在当时乃至今天仍不明确。

从失速先兆看高负荷压气机流动失稳触发机制

近年来新型失速先兆的发现与相关研究

1. 叶尖起始的新型失速先兆

在研究突尖波的同时，针对大量不同型号压气机失速发展过程开展的研究让学者们认识到：不同的压气机所发生的失速初始扰动可能并不相同。在某些压气机中就发生了无论模态波还是突尖波理论均难以解释的现象。例如，图 3 所示的旋转不稳定（rotating instability）[18-24] 现象是一种在转子叶尖区域周向传播的非定常流动现象，其周向模态为 0.3 ～ 2 倍转子叶片数，周向波长介于 0.5 ～ 3 倍转子栅距，随后该现象被证明主要与转子叶尖间隙的泄漏流有关，或者由激波 / 叶尖泄漏涡干涉引起。此外，研究人员还发现了高频失速和定位失速 [25] 等现象，前者发生于叶尖局部，同时出现多个旋转失速团，后者同样发生于叶尖局部，但是其周向位置是固定的，这些失速先兆由于没有系统的理论模型支撑，其背后的物理机理还处于探索阶段。

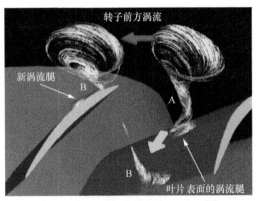

图 3　旋转不稳定现象发展过程 [20]

2. 起始于叶根的失速先兆的发现

随着压气机的负荷水平持续提高，新形式的失速先兆不断涌现，其流动现象越发复杂，亟须形成针对失速先兆成因的一致认识。北京航空航天大学李秋实教授团队针对这一难题，从系统稳定性的角度思考发现，诱发几类失速先兆的前缘溢流、尾缘反流、径向涡等局部不稳定流动结构都与转子叶尖区域的负荷达到极限直接相关，可见局部负荷达到临界引起的局部失稳极可能是失速先兆形成的起始。为此，研究团队设计、加工了高负荷（叶根负荷系数达到 0.7）的跨声速压气机试验件，转子实物如图 4 所示，关键设计参数如表 1 所示，通过开展设计转速及中高转速下的流动稳定性试验，探寻叶根失速先兆。

图 4　转子

表 1　单级跨声速轴流压气机关键设计参数

设计参数	指标
转速	22 000 r/min
压比	1.6
绝热效率	0.84
流量	13.5 kg/s
转子叶片数	17
转子叶尖马赫数	1.21
轮毂比	0.565
展弦比	0.956
第一排静子叶片数	29
第二排静子叶片数	29

　　试验结果表明：以 78% 设计转速为界，在高转速工作时，该压气机由一种起始于叶根区域的扰动诱发流动失稳。该扰动的发展过程如图 5 所示，当压气机工作流量接近失速点时，该扰动由间断出现发展为连续扰动，扰动得到系统正反馈响应，逐步增强。在该扰动的作用下，系统发生轴向

波动，致使压气机流量振荡，最终诱发叶尖旋转失速。对该扰动的物理特征进行系统研究可知：不同径向位置的测试数据表明该扰动在径向上的尺度仅局限于叶根区域；不同周向位置的测量数据证明该扰动在周向上是轴对称的；通过改变试验装置布置，发现其扰动频率由系统亥姆霍兹频率决定。结合上述物理特征，团队将该叶根失速先兆命名为局部喘振[26-28]。

在局部喘振被发现之后，国内外研究团队陆续发现了同样起始于叶根的失稳扰动，如通用电气公司曾发现一种近似于指环的"环形失速"现象，如图6所示，这一猜测被Dodds和Vahdati[29-30]在试验及数值模拟中证实。

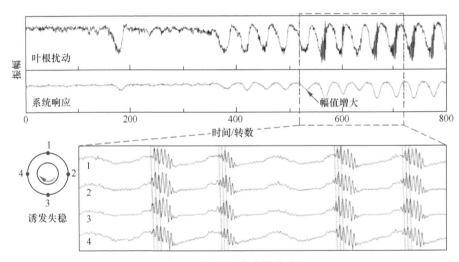

图5 局部喘振失稳触发过程

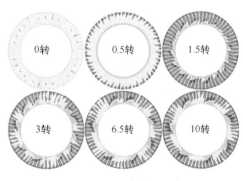

图6 "环形失速"现象

3. 叶根区域高负荷和系统正反馈是局部喘振发生的必要条件

为探究局部喘振的触发机制，通过对比有无局部喘振发生的各转速下的近失速点流场发现：在有局部喘振发生的高转速下，近失速点的径向负荷分布呈现叶根区域相对较高的特点；在未出现局部喘振而发生突尖波的低转速下，近失速点叶尖区域负荷明显高于叶根，由此提出叶根区域高负荷是局部喘振触发的必要条件之一。通过改变进气条件，在减小叶根负荷条件下开展高转速试验，结果表明当叶根负荷降低后，局部喘振不再出现，转而由突尖波诱发流动失稳，证明了上述局部喘振触发条件的正确性[31]。

此外，考虑到局部喘振扰动频率由系统亥姆霍兹频率决定，为了研究系统响应对失速先兆的影响，在压气机与背腔之间加装格栅以消除系统响应并开展试验研究，在与未加装格栅失速点流量相同的工况下，结果发现：加装格栅后叶根角区分离仍会发生（见图7），但并未能激发局部喘振型扰动，由此证明系统正反馈是局部喘振型失稳触发的又一必要条件[32]。

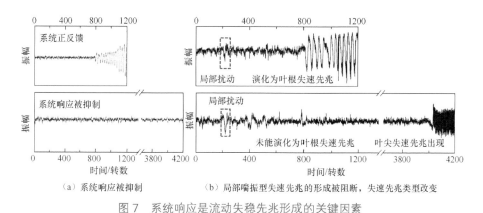

（a）系统响应被抑制　　　（b）局部喘振型失速先兆的形成被阻断，失速先兆类型改变

图 7　系统响应是流动失稳先兆形成的关键因素

局部喘振发生的物理本质可以推广到其他高负荷压缩系统失速先兆研究中，如图 8 所示，可以发现局部高负荷和系统正反馈是失速先兆的共性成因。

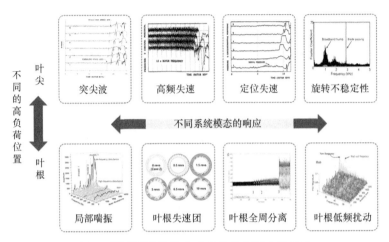

图 8　不同类型失速先兆发生的物理本质关联

流动失稳触发的决定机制

以高负荷压气机流动失稳演化描述为基础，发现局部高负荷是失稳的"起点"，是不是可以说负荷的空间分布决定流动失稳的触发？本团队将引发局部失稳的局部高负荷关键作用认识扩展到三维，揭示了不同方向负荷分布对流动稳定性的决定性作用，进而形成了以负荷空间（径向、周向、轴向）分布为控制变量的流动失稳触发的决定机制认识。

1. 负荷径向分布的影响机制

在压气机进口布置不同强度的叶尖 / 叶根畸变屏以实现负荷径向分布的逐步变化，其影响效果如图 9 所示：增强叶尖负荷使叶尖区域在更大流量点达到临界负荷，叶尖先兆突尖波提前发生，压气机失速点右移；进口叶尖畸变越强，叶尖区域的负荷越显著提高，压气机失速点的流量越大。反之，降低叶尖负荷使叶尖负荷在更小的流量点达到临界，突尖波推迟发生，压气机失速点左移；继续降低叶尖负荷的过程中存在一个临界状态，即叶尖负荷和叶根负荷同时达到当地临界，叶尖突尖波与叶根局部喘振两种失速先兆同时发生，压气机失速点流量达到极小值；进一步降低叶尖负荷，叶根区域负荷会率先达到临界负荷，压气机的失速先兆转变为局部喘振，压气机失速点开始右移。径向负荷分布的作用可总结为通过影响率先失稳的基元级来决定压气机的流动稳定性。

2. 负荷周向分布的影响机制

通过在压气机进口布置不同强度/范围的周向畸变屏以实现负荷周向分布变化，畸变区转子叶片的负荷径向分布较非畸变区整体提高，致使畸变区中的局部区域更早达到临界负荷，随着周向畸变强度的增加，发现畸变区与非畸变区失速的时间差也随之增大，进而失速先兆类型由局部喘振转变为叶尖失速，如图 10 所示。负荷周向分布的作用可总结为通过影响率先失稳的叶片通道来决定压气机的流动稳定性。

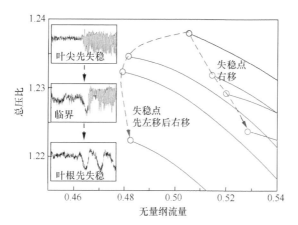

图 9　负荷径向分布影响压气机稳定性机制

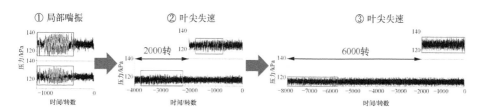

图 10　负荷周向分布影响压气机稳定性机制

从失速先兆看高负荷压气机流动失稳触发机制

3. 负荷轴向分布的影响机制

在压气机上游布置一排可调导叶，可实现 -4° ～ +4° 进气预旋角调节。通过调节进气预旋角来改变转子与定子子叶排间的负荷分布，可以用反力度来衡量。在负预旋情况下，反力度高，转子叶排的负荷较高，压气机流动失稳由转子起始；在正预旋情况下，反力度低，定子叶排的负荷较高，压气机流动失稳由定子起始，如图 11 所示。负荷轴向分布的作用可总结为影响率先失稳的叶片排来决定压气机的流动稳定性。

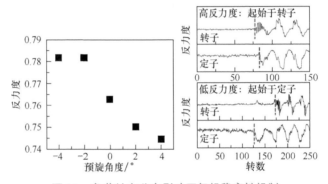

图 11 负荷轴向分布影响压气机稳定性机制

通过上述研究工作，将引发局部失稳的局部高负荷关键作用认识扩展到空间三维，揭示了负荷空间分布对流动失稳起始的决定性作用，形成了基于负荷空间分布的流动失稳触发决定机制认识。

结语

航空压气机流动不稳定性问题是制约航空发动机发展的重要瓶颈之一。经过近一个世纪的探索研究，历经流动不稳定性现象的发现和物理描述、经典失速先兆的发现和机理解释，对该问题已经有了初步的认识并在工程中得到应用，但是目前依然缺乏航空发动机压缩系统流动不稳定性统一触发的相关认识。本团队在国际上首次发现了叶根起始的失速先兆——

局部喘振，丰富了对失速先兆类型的认识，提出了局部高负荷和系统正反馈是失速先兆的共性成因，并以此为基础揭示了负荷空间分布对流动失稳起始的决定性作用，形成了基于负荷空间分布的流动失稳触发决定机制，为我国重要型号的研制提供了有效支撑。

参考文献

[1] 刘大响. 对加快发展我国的航空动力的思考[J]. 航空动力学报, 2001, 16(1): 1-7.

[2] 刘大响. 振兴航空, 动力先行, 抓住机遇, 加快发展[C]//中国航空学会 2005年学术年会. 北京: 中国航空学会, 2007: 11-16.

[3] TOLLMIEN W, SCHLICHTING, H, GÖRTLER, H. Bericht über neuere turbulenzforschung[M]. Heidelberg, Berlin: Springer, 1962.

[4] GREITZER E M. Surge and rotating stall in axial flow compressors-Part I: theoretical compression system model[J]. Journal of Engineering for Power, 1976, 98(2): 190-198.

[5] GREITZER E M. Surge and rotating stall in axial flow compressors-Part II: experimental results and comparison with theory[J]. Journal of Engineering for Power, 1976, 98(2): 199-211.

[6] MOORE F K, GREITZER E M. A theory of post-stall transients in axial compression systems - Part I: development of equations[J]. ASME Journal of Engineering for Gas Turbines and Power, 1986, 108(1): 68-76.

[7] GREITZER E M, MOORE F K. A theory of post-stall transients in axial compression systems -Part II: application[J]. ASME Journal of Engineering for Gas Turbines and Power, 1986, 108(2): 231-239.

[8] HYNES T P, GREITZER E M. A method for assessing effects of

circumferential flow distortion on compressor stability[J]. ASME Journal of Turbomachinery, 1987, 109(3): 371-379.

[9]   MCDOUGALL N M, CUMPSTY N A, HYNES T P. Stall inception in axial compressors[J]. ASME Journal of Turbomachinery, 1990, 112(1): 116-123.

[10]   GARNIER V H, EPSTEIN A H, GREITZER E M. Rotating waves as a stall inception indication in axial compressors[J]. ASME Journal of Turbomachinery, 1991, 113(2): 290-301.

[11]   DAY I J. Active suppression of rotating stall and surge in axial compressors[J]. ASME Journal of Turbomachinery, 1993, 115(1): 40-47.

[12]   DAY I J. Stall inception in axial flow compressors[J]. ASME Journal of Turbomachinery, 1993, 115(1): 1-9.

[13]   HOYING D A, TAN C S, VO H D, et al. Role of blade passage flow structures in axial compressor rotating stall inception[J]. ASME Journal of Turbomachinery, 1999, 121(4): 735-742.

[14]   HAH C, SCHULZE R, WAGNER S, et al. Numerical and experimental study for short wavelength stall inception in a low-speed axial compressor[C]//14th International Symposium on Air Breathing Engines. Florence, Italy, 1999: 5-10.

[15]   VO H D, TAN C S, GREITZER E M. Criteria for spike initiated rotating stall[J]. ASME Journal of Turbomachinery, 2008, 130(1). DOI: 10.1115/1.2750674.

[16]   VO H D. Role of tip clearance flow on axial compressor stability[D]. Cambridge, MA: Massachusetts Institute of Technology, 2001.

[17]   PULLAN G, YOUNG A M, DAY I J, et al. Origins and structure of spike-type rotating stall[J]. ASME Journal of Turbomachinery, 2015, 137(5). DOI: 10.1115/GT2012-68707.

[18]   MÄRZ J, NEUHAUS L, NEISE W, et al. Circumferential structure of rotating instability under variation of flow rate and solidity[J]. VDI Berichte, 1998(1425): 189-198.

[19]   YOUNG A, DAY I, PULLAN G. Stall warning by blade pressure signature analysis[J]. Journal of Turbomachinery, 2013, 135(1). DOI: 10.1115/1.4006426.

[20]   KAMEIER F, NEISE W. Experimental Study of Tip clearance losses and noise in axial turbomachines and their reduction[J]. Journal of Turbomachinery, 1997, 119(3): 460-471.

[21]   MÄRZ J, HAH C, NEISE W. An experimental and numerical investigation into the mechanisms of rotating instability[J]. Journal of Turbomachinery, 2002, 124(3): 367-374.

[22]   HAH C, BERGNER J, SCHIFFER H P. Tip clearance vortex oscillation, vortex shedding and rotating instabilities in an axial transonic compressor rotor[C]//ASME Turbo Expo 2008: Power for Land, Sea, and Air. New York: ASME, 2008: 57-65.

[23]   HAH C, VOGES M, MUELLER M, et al. Characteristics of tip clearance flow instability in a transonic compressor[C]//ASME Turbo Expo 2010: Power for Land, Sea, and Air. New York: ASME, 2010: 63-74.

[24]   HAH C. Near stall flow analysis in the transonic fan of the rta propulsion system[C]//48th AIAA Aerospace Sciences Meeting Including the New Horizons Forum and Aerospace Exposition. Reston, VA: AIAA, 2010. DOI: 10.2514/6.2010-277.

[25]   DAY I J, BREUER T, ESCURET J, et al. Stall inception and the prospects for active control in four high-speed compressors[J]. ASME Journal of Turbomachinery, 1999, 121(1): 18-27.

[26]   PAN T Y, LI Q S, LI Z P, et al. Effect of radial loading distribution

从失速先兆看高负荷压气机流动失稳触发机制

on partial surge initiated instability in a transonic axial flow compressor[J]. Journal of Turbomachinery, 2017, 139(10). DOI: 10.1115/1. 4036646.

[27] PAN T Y, LI Q S, LI Z P. Experimental investigations on the frequency of partial surge[J]. Proceedings of the Institution of Mechanical Engineers Part A-Journal of Power and Energy, 2016, 230(8): 819-836.

[28] LI Q S, PAN T Y, SUN T L, et al. Experimental investigations on instability evolution in a transonic compressor at different rotor speeds [J]. Proceedings of the Institution of Mechanical Engineers Part C-Journal of Mechanical Engineering Science, 2015, 229(18): 3378-3391.

[29] DODDS J, VAHDATI M. Rotating stall observations in a high speed compressor-Part I: experimental study[J]. Journal of Turbomachinery, 2015, 137(5). DOI: 10.1115/1.4028557.

[30] DODDS J, VAHDATI M. Rotating stall observations in a high speed compressor-Part II: numerical study[J]. Journal of Turbomachinery, 2015, 137(5). DOI: 10.1115/1.4028558.

[31] HU J G, LI Q S, PAN T Y, et al. Numerical investigations on stator hub initiated stall in a single-stage transonic axial compressor[J]. Aerospace Science and Technology, 2018(80): 144-155.

[32] PAN T Y, YAN Z Q, SUN D K, et al. Effect of system response on partial surge initiated instability in a transonic axial flow compressor[J]. Chinese Journal of Aeronautics, 2022, 35(2): 117-127.

潘天宇，北京航空航天大学航空发动机研究院副教授、博士生导师，入选中国科协"青年人才托举工程"，先后获得中国航空学会技术发明奖一等奖、中国航空学会自然科学奖二等奖、四川省技术发明奖一等奖等多项省部级科研奖励。主持国家自然科学基金面上项目和青年项目、军委科技委先进航空动力创新工作站重点项目、国家"两机"专项基础研究重大项目专题，2017 年起连续担任 ASME Turbo Expo 流动稳定性分会的分会主席，担任中国航空学会青年工作委员会委员、《推进技术》青年编委等。

MEMS 在空天动力推进领域的应用

北京航空航天大学航空发动机研究院

徐天彤

航空发动机是体现国家综合国力的大国重器，是"现代工业皇冠上的明珠"，对国防安全有着重要的战略意义。未来航空发动机及空天推进领域的技术发展将会向智能化与微型化迈进。其中，智能化旨在通过对航空发动机运行状态的全面测量，自适应地调整工作状态，对提升航空发动机的经济性和安全性有重要意义；微型化是通过将推进装置小型化，以适应微型飞行器集群的技术需求，可以改变未来战场的战争模式。微机电系统（microelectromechanical system，MEMS）可以实现装置的微型化和集成化，非常适合空天推进的智能化与微型化发展。MEMS 在空天动力推进领域的应用主要包括两个方面：对航空发动机状态参数的监测和微型空天动力推进装置的研制。

什么是 MEMS

MEMS 是指可以在有限的空间中完成一系列人为规定动作的微型系统，不仅单指微型的组合机械构件，还包括相互配合的调理电路、控制器件和电源等部件。MEMS 是在集成电路技术的基础上发展而来的，沿用了传统集成电路技术的光刻、薄膜沉积、掺杂、刻蚀、化学机械抛光等工艺，而且针对所要实现的复杂微结构发展出了新的工艺，如体微机械加工工艺、表面微机械加工工艺、电铸工艺和微机械组装技术等。图 1 所示为典型的 MEMS 器件。

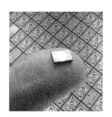

图 1　典型的 MEMS 器件

MEMS 起源于美国。自 1962 年起，世界上第一个硅基 MEMS 压力传感器，尺寸在 50 ～ 500 μm 的齿轮、气动涡轮等微小机械器件相继问世。1988 年，美国加利福尼亚大学伯克利分校的 Muller 研究小组应用硅基 MEMS 加工技术，发明了转子直径为 60 ～ 100 μm 的硅基微型静电电动机，充分证实了使用硅基 MEMS 加工技术制造微小可动机械结构的可行性，以及将微机械与集成电路集成在一起，制造完整微机电系统的巨大潜力[1]。1993 年，美国 ADI 公司在单芯片内实现了微型可动机械结构与大规模电路的集成，制成了可以用于控制汽车防撞气囊释放的 MEMS 加速度传感器，现如今，在汽车领域，MEMS 传感器的应用已经十分成熟。图 2 所示为汽车中应用的 MEMS 压力传感器。

图 2　汽车中应用的 MEMS 压力传感器

MEMS 产品体积小、质量轻、成本低、响应快、功耗低，所应用的半导体材料拥有极好的电学特性、机械性能、热学性能以及化学稳定性。因此，在格外讲究质量、体积和稳定性，且应用环境苛刻的航空航天领域，MEMS 器件获得了极大的应用。

例如，MEMS 加速度传感器广泛用在姿态航向基准系统、飞行控制系统、发动机控制系统和制导系统中；MEMS 压力传感器在飞机飞行试验、发动机检测试验、结构强度试验、风洞试验，以及在设备的生产制造中的应用十分普遍；MEMS 倾角传感器广泛应用于火箭炮固定转动支架的角度测量等。图 3 所示为在无人机中应用的 MEMS 传感器。图 4 所示为在航空发动机中应用的 MEMS 传感器。

图 3　在无人机中应用的 MEMS 传感器

图 4　在航空发动机中应用的 MEMS 传感器

　　除 MEMS 传感器，MEMS 产品也正在逐步替代传统卫星上的诸多元器件。新兴的微纳卫星是数个 MEMS 产品集成于一体的全新概念卫星。通过采用 MEMS 使卫星分系统和部件微型化，再使这些分系统和部件高度集成，可研制出有较强功能的微型卫星，然后再发展分布式空间系统结构，就能最终研制出超小型的纳米卫星。微纳卫星的发展，必然要有与其相适应的微推进技术，这对小冲量、小推力、质量、功率、体积都提出了苛刻要求。利用 MEMS 加工技术，将推进系统的贮箱、喷嘴、阀门、推进剂进给系统甚至控制电路都集成在一个或几个硅片上，再通过装配技术将这些 MEMS 器件组装在一起，就能形成功能完善、稳定性高的集成微推进系统——MEMS 微型推进器。

美国的 MEMS 的技术与应用水平远远走在了世界前列，而我国起步相对较晚，技术储备也相对落后。美国空军早在 20 世纪末就开展了 MEMS 传感器在飞机上应用的可行性研究，并进行了大量的地面和空中试验。2004 年，北大西洋公约组织（简称北约）就针对 MEMS 技术在空天动力推进中的应用开展了一系列的研究。随着现代 MEMS 的飞速发展，近年来硅微陀螺（俗称芯片陀螺）的研制工作进展很快。现在美国已开始小批量生产由硅微陀螺和硅加速度计构成的微型惯性测量装置。其成本低、功耗低及体积小、质量轻的特点很适合应用在战术导弹和无人机上。

然而，空天动力推进技术涉及国家与领土安全，因此高性能的特种 MEMS 属于国外严格禁运的高端芯片产品。为提升我国国防科技水平，增强我国国防力量，我国必须自主可控地研究该类技术，在基础半导体晶圆、MEMS 设备、MEMS 工艺等领域努力赶超世界一流水平。航空航天特种 MEMS 多采用"一产品一结构一工艺"，难以采用大规模代工的"类微电子"制造模式，各产品不能简单地移花接木，而是要因地制宜，针对产品需求与特点做出相应调整。

令人欣慰的是，我国各大科研院所正在加大投入，在高性能的特种 MEMS 产品开发方面努力缩小与国外一流水平的差距。北京航空航天大学于 2018 年制备了 MEMS 微型空气轴承[2]，为微型涡轮发动机的研制做出了初步探索；西北工业大学苑伟政团队自主研制的微剪应力传感器成功助力我国 C919 飞机的研制和 ARJ21 飞机的商业运营；微喷推进器装机某型号微纳卫星，在国内首次实现了卫星姿态的准确调控；微扫描振镜让低成本车载级 MEMS 固态激光雷达以及最小分辨率可到 0.05° 的高性能导航激光雷达实现了量产，满足了自动驾驶和无人驾驶需求，为提升我国智能交通水平提供了重要保障；美泰电子自主研发的 MTS2000 和 MTS2001 双轴倾角传感器测量精度达到 0.001°，内置温度传感器体积小，适用多种场合，并具有良好的抗振动和抗冲击特性，已批量应用于雷达天线角对准、火炮炮管初设角度测量和卫星通信车姿态检测盒天线角度测量。

MEMS 在发动机状态参数测量中的应用

1.MEMS 加速度传感器及发动机振动测试

　　航空航天工业向来代表着一个国家工业的最高水准，在航空航天推进器发展的过程中，各种装备的工作性能的提升，工作温度的升高，同时高精度导航、主动控制技术、系统健康实时监测以及人工智能推进的研究逐步开展，对航空航天推进系统内部各项敏感参数的测量提出了更高要求。传感器作为参数测量的唯一途径，在各种装备设备中具有不可替代的作用。飞机发动机、火箭发动机和卫星推进器等，都需要高精度的特种航空航天用的传感器进行各项参数的实时测量和提取，可以说，传感器是航空航天飞行器、推进器等大型装置的"感觉器官"和"神经"，遍布在航空航天各种设备的关键部位。利用传感器对高温环境下的温度、压力、加速度等参数实现原位测量，是实现高温部件性能分析的重要手段，同时实现关键部位信息参数的实时提取是智能推进技术与系统健康监测技术发展的重要方向。惯性传感器是解决导航、定向和运动载体控制的重要部件。惯性传感器主要包括加速度传感器、角速度传感器以及它们的单、双、三轴组合 IMU（惯性测量单元）、AHRS（包括磁传感器的姿态参考系统）等。惯性传感器作为惯性导航等系统必不可少的部分，具有重要的应用。例如，作为我国长期在轨稳定运行的国家太空实验室——天宫空间站同样需要精准的姿态稳定系统和位移监测系统，这些都离不开惯性传感器。在航空应用领域，当前多数导航系统需要结合惯性测量单元，有时还需要其他导航传感器提供精确的定位和导航信息。在我国探月工程项目中，科学家为鹊桥中继星量身定制了全天候、全天时、全空域运行能力的光纤陀螺惯性测量单元，不仅摆脱了探测器姿态敏感器需要借助地球、太阳等天体来定位的束缚，也大大提升了探测器的轨道控制能力。

在惯性传感器中，加速度计一方面是惯性导航、制导系统的核心元件之一，用于测量载体在空间中的加速度，从而为载体的导航、制导提供位置、速度、姿态等信息，另一方面是航空航天、武器装备等领域进行振动测试，健康监测的重要传感器。因此，需要加速度计能在复杂的温度环境及高强度的振动频幅范围内保持正常的工作性能，稳定持续地反馈检测到的动态信息，以便提供给加装设备准确的运动信息，或者试验环境中正确的动态信号。加速度计的性能是决定动态信号质量的直接和重要因素，因此现代高精度的动态测试系统对加速度计的性能提出了较高要求，以加速度计为代表产品的动态测试惯性仪表技术已成为衡量一个国家科技水平和国防实力的重要标志之一。动态测试惯性仪表技术属于国防关键高精技术，是西方国家严格限制出口的技术之一。对于军用航空发动机来说，加速度传感器是其研发、试车、装备、维修等各个阶段不可缺少的关键部件。本实验室针对传统 MEMS 加速度传感器以硅基材料为主体无法耐受高温这一问题，着重开发了以压阻式结构为核心，以全碳化硅材料为基底的耐高温碳化硅基 MEMS 加速度传感器。碳化硅基 MEMS 加速度传感器的设计制造和性能测试如图 5 所示。通过新材料、新工艺，利用碳化硅解决了特种传感器在 500 ℃高温下的工作问题。图 6 所示为本实验室开发的碳化硅基 MEMS 加速度传感器实物。

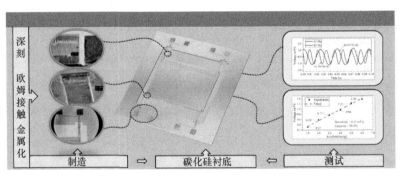

图 5　碳化硅基 MEMS 加速度传感器的设计制造和性能测试

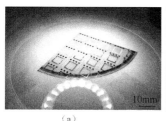

（a）   （b）

图 6　碳化硅基 MEMS 加速度传感器实物

2.MEMS 电容式压力传感器及航空发动机动态压力测试

目前，我国航空发动机正处在自主研制的关键时期，航空发动机的预研设计、生产制造、使用维修整个过程中，必须对大量的零部件和整机进行测试，以指导和验证航空发动机设计，并对航空发动机部件和整机性能进行有效评判。其中，气流动态压力作为航空发动机试验中气动性能的重要表征参数，在航空发动机的研制过程中需要进行大量的测试，以提供可靠、准确的测试数据，作为压气机、涡轮等部件设计及技术验证的依据。

航空发动机动态压力测试主要包括：加力燃烧室的动态压力测试、压气机流畅的三维动态测量、发动机风洞测试、风扇叶尖激波结构的动态压力测试、进气道流场畸变测试、压气机转子叶尖处的动态压力测试以及涡轮转子叶尖处的动态压力测试等。总体来说，航空发动机内部复杂流动无法单纯依赖理论与仿真得到完整描述，故无法有效支撑航空发动机设计工作。因此，通过动态压力测试获得航空发动机关键部位的压力值是必要的，甚至从一定程度上决定了航空发动机的未来。

目前，我国在测试技术、传感技术以及高端仪器研制方面的基础还比较薄弱，加之国外严格的技术封锁，现有的测试能力已经越来越不能满足新型号的相关要求，"测不到、测不准"的问题越来越突出。作为航空发动机动态压力测试的关键元器件，压力传感器逐渐成为困扰我国动态压力测试发展的难题。

针对航空发动机动态压力测试的需要，我们课题组开展了温度敏感性更低的耐高温大量程 MEMS 电容式压力传感器的研究。

MEMS 电容式压力传感器以各种类型的电容器作为转换元件，通过薄膜受力的形变来测定外界压力的变化，使得被测物理量的变化转换为电容量的变化。电容式压力传感器通常采用薄膜型的电容结构，大多数情况下是平行板电容器，如图 7 所示。

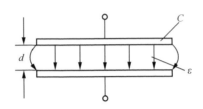

图 7　平行板电容器

d—平行极板间的距离；C—平板电容的电容量；ε—极板间介质的介电常数

在 MEMS 领域，常常有"一器件一工艺"的说法。对于 MEMS 电容式压力传感器，我们实验室克服多层晶圆键合技术、硅深刻蚀技术、薄膜加工技术等多项半导体体加工工艺，形成了完整可靠的工艺流程，可以实现 MEMS 电容式压力传感器的独立制备。

MEMS 在微型空天动力推进领域的应用

1.MEMS 旋转电动机

随着未来战争模式的转变，低空"微小型飞行器"将发挥越来越重要的作用。

在高性能、低成本、批量生产的微小型飞行器平台中，动力装置将起决定性的作用。动力装置的推力、质量、功率、可靠性、成本、生产效率等因素，关系到微小型飞行器能否在未来战场上成为重要力量。

广义的电机是将电磁能和机械能持续进行转换的换能器。当输入电能时，电机就可以源源不断地产生转矩，驱动转子旋转，从而输出机械能，即为电动机；反之，当外力矩不断推动转子旋转，输入机械能时，电机从导线端源源不断输出电能，即为发电机。MEMS 旋转电动机本质上就是电动机，具体的结构形式如图 8 所示。相比其他旋转电机而言，MEMS 旋转电动机具有尺寸小、成本低、可量产、功率密度高、效率高等特点。

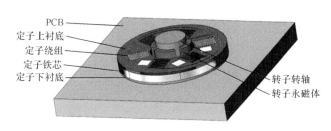

PCB
定子上衬底
定子绕组
定子铁芯
定子下衬底
转子转轴
转子永磁体

图 8　MEMS 旋转电动机的结构形式

MEMS 旋转电动机主要采用与集成电路兼容的微纳制造工艺。MEMS 旋转电动机选用铜作为线圈绕组的导线材料，在已完成孔、槽加工的硅衬底上，采用先磁控溅射钛再磁控溅射铜实现 SiO_2 表面金属化，然后采用电镀工艺生长铜层填充硅衬底上的孔、槽，从而得到核心部件线圈。

MEMS 旋转电动机的结构设计需要在追求性能和追求工艺技术可行性之间进行权衡，并需要多轮的迭代设计和大量的试验来验证工艺技术的可行性、可靠性。因此，工艺技术可行性方案是研制 MEMS 旋转电动机的重中之重。研制 MEMS 旋转电动机的总体工艺技术方案分为以下几步：定子MEMS 微纳制造工艺；定子、转子分别装配；电路连接及整机装配。其中，定子 MEMS 微纳制造工艺方案如图 9 所示：首先在硅片上进行设计加工，得到刻蚀好的结构；然后进行切割，得到一个个的小方块；然后对每个小方块进行溅射铜层、电镀铜、研磨抛光，实现线圈加工；接下来进行内外圆环的深刻蚀，释放定子结构，即完成定子 MEMS 微纳制造的工艺。

2. MEMS 直线电动机

随着工业化水平的不断提高和军事应用领域的不断发展，体积微小、灵活便携、隐蔽性强的微型扑翼飞行器在远程侦查、搜救、作战中的潜力受到越来越多的关注。扑翼飞行器的驱动装置相当于飞机里的航空发动机，是整机的心脏，是决定其性能优劣的关键因素。

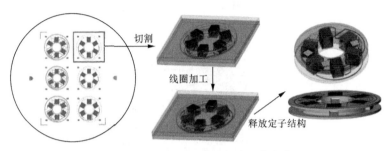

图 9　定子 MEMS 微纳制造工艺方案

　　直线电动机是一种能够将电能直接转换成直线运动机械能而不需要中间转换机构的动力产生装置，在微型机器人、微型运输系统、微型定位系统中有着巨大的应用潜力。目前，以静电、压电、人工肌肉等为工作原理的微型直线电动机存在驱动电压过高、电路复杂、输出力与行程不够、材料稳定性难以保证，可控性较弱等问题。相比较而言，电磁直线电动机具有输出位移大、响应速度快、结构简单、易于控制等特点，仅数伏的电压便可达到需要的功率，在微型扑翼机的驱动应用中具有更高的潜能，但目前存在微型化困难、加工制造复杂的问题。

　　电磁直线电动机遵循安培力的原理，即通电的直导线在磁场中会受到力的作用，其具体结构依据使用场景和特性的需要可以分为多种形式，但无论怎么变形，都离不开三大核心部件：永磁体、磁轭铁芯以及线圈。永磁体作为磁源负责提供磁通量，高磁导率的磁轭铁芯为磁通量的定向传递搭建起桥梁，使其在气隙中均匀分布，线圈常被固定在支撑框架上，负责在磁场中产生电磁力。电磁力的大小与线圈中电流强度呈正比例关系，力的方向可以通过改变电流的方向控制。转子部件在电磁力的推动作用下沿着导轨或滑槽做相对于定子部件的直线运动。电磁直线电机结构如图 10 所示，线圈位于铁芯气隙处，此处磁通量均匀分布且方向垂直于线圈表面，当导线通电时，线圈受到沿着滑动方向的力而运动，通过改变电流方向可改变线圈运动方向，从而实现线圈往复运动。

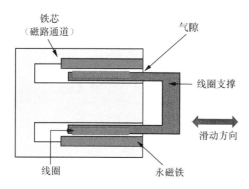

图 10　电磁直线电动机结构

将 MEMS 微型化技术与电磁直线电动机相结合，我们研制出以微型 MEMS 线圈为核心的微型直线电动机。用三维 MEMS 线圈代替机械绕制线圈，解决了关键的线圈微型化难题，从而解决了电磁直线电动机的微型化问题。我们最终制备了一个尺寸小于 4 mm × 4 mm × 4 mm 的微型电磁直线电动机样机，质量为 250 mg，如图 11 所示。

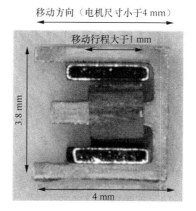

图 11　微型电磁直线电动机样机

我们将微型电磁直线电动机应用在微型扑翼机上，通过微型四连杆机构将微型电磁直线电动机的运动放大，并将微型电磁直线电动机与扑翼结构连接在一起。当微型电磁直线电动机转子在往复振动时，带动机翼上下扇动，从而产生升力。按照此方案，实际加工出的微型扑翼机的翼展在 3 cm 左右，质量为 260 mg，如图 12 所示。

图 12　微型电磁直线电动机在微型扑翼机上的应用

3. 微尺度强化换热技术

微尺度通道冷却[3]的概念最初由 Tuckerman 和 Pease 在 20 世纪 80 年代提出[4]。研究发现，微尺度通道（水力直径 D_h<200 μm）在层流流动下的换热能力甚至强于宏观尺度通道的湍流状态。因此，微尺度冷却技术在高热流密度以及高热负荷元件上的应用具有很大的潜力。

近些年以来，伴随着航空航天、微尺度机电、生物医药等高精尖技术领域的发展呈现出空间尺度的微型化、空间利用的高效化和结构形式的复杂化等突出特点，使得热流流动空间尺度的缩小、空间利用率的提高、结构形式的复杂化成为人们关注的焦点。因此，利用新的加工方式，挖掘更高效的新型冷却技术，并将其应用到涡轮叶片冷却中，将是航空发动机高效强化叶片冷却技术的重要发展方向。

然而，微尺度通道应用于航空发动机冷却，尤其是涡轮叶片冷却还非常少见。本课题组在微尺度通道壁面上增加细微结构，利用物理方法在表面增加新型结构降低了流阻，并将整体流阻降低到可接受范围内，显著增强了涡轮叶片的热防护能力。

微尺度通道的主要加工方法是利用 MEMS 工艺精确控制壁面结构及尺寸，通过试验测试与数值仿真相结合的方式，分析得到在微尺度通道的侧壁添加微结构（肋片或凹腔）可以在微尺度通道内部形成撞击效应、产生二次流从而打破已有的温度边界层，促进冷热流体之间的掺混，进而增强微尺度通道的换热能力；采用扩张角度较小、光滑程度较高的壁面微结构，在增强换热的同时，流阻不会显著增强，更有利于增强微尺度通道的综合换热特性。

图 13 所示的凹坑型壁面微结构具有较高的空间综合换热性能，并在部分工况下可以兼备强化换热与低流阻的性能，在 Re=500 时，综合换热性能提升 80%。利用三维打印、精铸等加工方式，可以实现壁面微尺度结构的加工需求，满足工程应用需要。

在壁面浸润性方面，我们揭示了不同浸润性下矩形截面微尺度通道的流动换热现象，依托理论及试验数据建立了滑移边界修正模型，并采用数值模拟的方法研究了壁面亲疏水特性产生的速度滑移对微尺度通道入口段长度的影响，建立了速度滑移和温度跳跃的亲疏水边界模型，如图 14 所示。

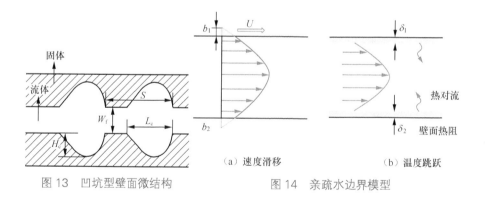

图 13　凹坑型壁面微结构　　　　图 14　亲疏水边界模型

（a）速度滑移　　　　（b）温度跳跃

此外，我们还针对不同回转半径的 U 形微尺度通道进行了综合研究。研究发现：通道表面的滑移速度场存在三维非均匀性，且随着 Re 的上升和表观接触角的增大而越发显著；超疏水表面不仅能够强化弯曲通道的二次流效应，且在不同 Re 下，均呈现良好的减阻率（减阻率最高可达 40%），说明在复杂微尺度通道的减阻及强化对流等方面，超疏水特性存在极大的潜在价值。

结语

鉴于航空发动机智能化与微型化的发展需求，MEMS 在空天动力推进领域的应用前景也越发广阔。MEMS 当前在空天动力推进领域的应用主要体现在两个方面：利用 MEMS 传感器测试航空发动机的工作参数，以支撑航空发动机智能化发展；利用 MEMS 空天动力推进装置以支撑微型飞行器集群技术的发展。各高校和科研机构的研究人员应当瞄准我国空天动力推进领域对 MEMS 的需求，积极组织力量开展 MEMS 工艺方法、MEMS 器件设计方法、微尺度气动热力设计方法、微尺度 - 跨尺度设计仿真技术等多学科交叉的技术创新和机理探索，支撑我国微型先进空天动力的技术突破。

参考文献

[1]   FAN L S, TAI Y C, MULLLER R S. Integrated movable micromechanical structures for sensors and actuators[J]. IEEE Transactions on Electron Devices, 1988, 35(6): 724-73.

[2]   余明星, 李海旺, 吕品, 等. 毫米级空气轴承的结构与MEMS制造工艺研究[J]. 推进技术, 2018, 39(5): 167-178.

[3]   TUCKERMAN D B, PEASE R F W. IIIB-8 implications of high performance heat sinking for electron devices[J]. IEEE Transactions on Electron Devices, 1981, 28(10): 1230-1231.

[4]   TUCKERMAN D B , PEASE R F W , GUO Z , et al. Microchannel heat transfer: Early history, commercial applications, and emerging opportunities[C]// International Conference on Nanochannels, Microchannels, and Minichannels. New York: ASME, 2011. DOI: 10.1115/icnmm2011-58308.

徐天彤，北京航空航天大学航空发动机研究院助理研究员。研究侧重于将 MEMS 与航空航天需求相结合，围绕微尺度、微型化开展研究。近年来，关注 MEMS 传感器芯片研发，取得相关成果已经在国防领域取得应用。作为项目负责人，目前主持国家项目共 6 项。作为核心人员参与项目超过 12 项。在相关领域共发表 SCI 论文 13 篇，授权 6 项国际发明专利、12 项国家发明专利、13 项实用新型专利、3 项软件著作权。2017 年获得国防科学技术进步奖二等奖，2021 年获得北航"青年拔尖人才计划"项目支持，2022 年获得中国科协"青年人才托举工程"项目支持。

未来跨速域、长航程、低噪声航空发动机

北京航空航天大学航空发动机研究院

邱　天

航空发动机是飞机的心脏，涉及的工业门类非常广泛，研制难度高，因此也被称为"现代工业皇冠上的明珠"。每一代航空发动机的研发都预示着更高的材料水平、更低的油耗、更强的适用性、更高的稳定性，每一项关键技术的突破都代表着若干领域的进步[1]。

航空发动机自 1903 年诞生至今一百多年，经历了两个发展阶段。第一阶段是自 1903 年开始后的 30 多年，由活塞式发动机统治；1939 年以后是喷气式发动机时代[2-4]。

在喷气式发动机时代的早期，航空业普遍采用涡轮喷气发动机，这类发动机的特点是高速性好、低速油耗高。到 20 世纪 60 年代，人们逐渐认识到涡轮风扇发动机的低速油耗优势，开始研发并陆续大范围采用涡轮风扇发动机。涡轮风扇发动机外涵道空气流量与内涵道空气流量之比称为涵道比，是涡轮风扇发动机的核心指标之一。从理论上讲，涵道比越高，推进效率越高，发动机油耗越低。现代先进民用航空发动机的涵道比接近 20。涵道比为 0 时，涡轮风扇发动机就变为涡轮喷气发动机。涡轮风扇发动机的特点是低速油耗远低于涡轮喷气发动机，但其高速性无法与涡轮喷气发动机相媲美。从 20 世纪 60 年代以来，国外就开始探索是否能有一种发动机兼顾涡轮喷气发动机的高速性和涡轮风扇发动机的中低速经济性。这种兼顾的核心是要求航空发动机的涵道比大范围可调，在低速下使用大涵道比构型，在高速下使用小涵道比构型，这就是典型的变循环发动机[5-6]。

未来空中优势战机需具备跨速域和长时留空能力；未来民用飞机需兼顾亚声速和超声速巡航经济性，并满足严格的噪声标准。因此，未来军民用飞机对航空发动机提出的核心要求是跨速域、长航程、低噪声（"一跨、一长、一低"），如图 1 所示。目前，世界各国逐渐认识到变循环发动机技术的重要性，全球航空发动机行业正聚焦于变循环发动机关键技术群的创新与突破。

未来跨速域、长航程、低噪声航空发动机

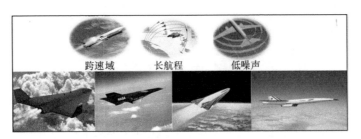

图 1　未来军民用航空发动机"一跨、一长、一低"需求

未来航空发动机的关键技术指标

"一跨、一长、一低"需求对应的具体指标如图 2 所示。

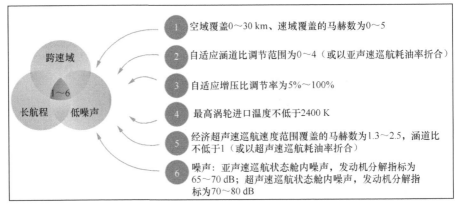

图 2　未来军民用航空发动机"一跨、一长、一低"需求对应的具体指标

分析具体指标中各单项指标对应的标杆航空发动机（如 J58、F119、CFM56-7B26、ACE、奥林普斯发动机）可知，"一跨、一长、一低"需求对航空发动机气动热力学构型设计而言是矛盾的：跨速域要求涵道比小、涡轮进口温度高；长航程要求涵道比大、涡轮进口温度适中；低噪声要求发动机多状态平衡、参数适中。

变循环发动机具备循环参数自适应变化和多状态自适应平衡等能力，是调和矛盾的有效手段。

指标中的自适应涵道比调节范围、自适应增压比调节率及最高涡轮进口温度是三大核心指标。如果气动热力学方案能将这三大核心指标提升至未来要求的水平，则该方案不仅能支撑飞机在 30 km 高度下以马赫数为 5 的速度飞行，且亚声速巡航经济性可与目前大涵道比民用发动机接近，也给降噪设计赋予了更大的自由度。

变循环发动机的发展现状

变循环发动机的概念提出至今已有半个多世纪。其中，美国发展的三外涵自适应变循环发动机是变循环技术的集大成者，如图 3 所示。其基本方法是通过转子叶片上的风扇（FLADE）、模式切换阀（MSV）、核心机驱动风扇级（CDFS）及可变面积涵道引射器（VABI）等变循环机构的组合调整 / 改变循环参数[7]。

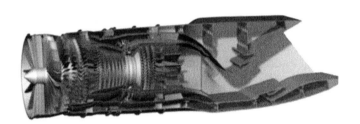

图 3　三外涵自适应变循环发动机

变循环发动机技术现状及局限如表 1 所示，与未来需求仍存在差距[8-11]。后续应从气动热力学基本原理上探索具备超越现有变循环潜力的方法，提出新的气动热力学构型，拓宽循环参数的变化范围，引发技术变革，才能满足未来需求。

表 1　变循环发动机技术现状及局限

核心指标	当前技术手段	当前水平	未来需求	当前技术手段满足未来需求的困难
涵道比调节范围	增加模式切换阀、涵道引射器等	0.3 ～ 1.3	0 ～ 4	机匣尺寸限制涵道比调节范围

续表

核心指标	当前技术手段	当前水平	未来需求	当前技术手段满足未来需求的困难
增压比调节率	利用变转速、导叶调节	33% ~ 100%	5% ~ 100%	增压比调节需求超出传统叶轮机变转速、变导叶的调节极限
最高涡轮进口温度	利用材料涂层耐温、强化传热、外涵换热技术	<2300 K	≥ 2400 K	马赫数为5的飞行条件下，二次流冷气温度将超1400 K，接近材料耐温水平，传统冷却方法难以奏效
噪声	传统声衬、二维叶形优化	亚声速巡航和超声速巡航的舱内噪声，发动机分解指标分别为70 ~ 75 dB和90 ~ 100 dB	亚声速巡航和超声速巡航的舱内噪声，发动机分解指标分别为65 ~ 75 dB和70 ~ 80 dB	传统控制方法难以兼顾亚声速、超声速等多状态噪声

变循环发动机关键技术指标的突破路径

针对表1所示变循环发动机当前技术手段的局限，我们提出一二次流组合"双变"循环原理。

飞机高速飞行（马赫数为3.5 ~ 5）时，航空发动机进气道的冲压比高，可通过低增压比和高涡轮进口温度来增大循环功，通过冷气制冷循环将二次流冷气温度由1400 K降至900 K，满足2400 K下的冷却需求，如图4所示。

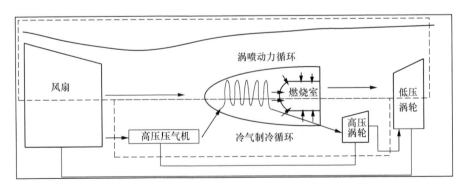

图4　高速飞行原理

低速飞行时，冷气制冷循环变为涡扇动力循环，可实现大涵道比、高增压比，提高经济性，如图 5 所示。

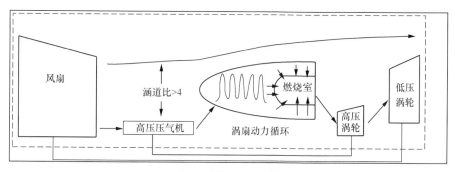

图 5　低速飞行原理

此外，引入多涵道进气级间燃烧室等，可提升全速域经济性，如图 6 所示。

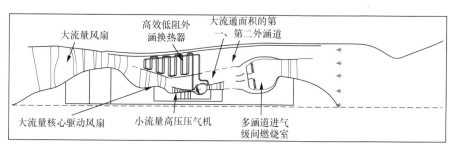

图 6　提升经济性的手段

变循环发动机的重点发展方向

要将一二次流组合"双变"循环从原理发展到产品，还需要重点在以下方向开展研究。

1. 新一代航空发动机气动热力学原理构型

（1）研究航空发动机全包线设计点性能多约束寻优算法，确定飞行剖面内各速域、空域区间最优循环参数及性能极限。

（2）探索兼顾各速域、空域区间的变循环技术路径，形成新一代航空发动机变循环技术群。

（3）建立新一代航空发动机部件比选方法和协同设计模式，提出新一代航空发动机气动热力原理构型。

2. 新一代航空发动机全包线特性仿真

（1）研究基于新原理、新技术、新构型的航空发动机先进部组件低维建模方法，提出先进部组件特性数据架构。

（2）探索新一代航空发动机多约束下的部件比选方法，形成由各专业原始创新支撑的先进部组件气动热力学方案。

（3）建立新一代航空发动机先进部组件气动热力学总体匹配模型，确定新一代航空发动机全包线特性。

3. 新一代航空发动机控制规律设计

（1）研究新一代航空发动机关键安全参数，确定新一代航空发动机气动热力学参数的安全边界。

（2）探索新一代航空发动机工作模式及模式转换控制方法，形成新一代航空发动机模式转换过渡态控制规律。

（3）建立新一代航空发动机复杂安全边界下，多变量/多目标控制规律优化方法，形成新一代航空发动机全包线多模式组合控制规律。

结语

发展变循环发动机技术不可能一蹴而就，必须直面研发技术难题与关键技术攻关需求，如可变风扇系统、转子叶片上的风扇、核心机驱动风扇级、超负荷变面积可调涡轮、前后可变涵道引射器等部件或技术的研究与验证，以及系统新结构、新材料、多电、综合热管理等系统的研究与验证。

结合已开展的技术研究，加强分析与借鉴国外的研究成果和成功经验，沿着部件→技术验证机→工程验证机→原型机的道路，加快先进变循环发动机的发展步伐，大力推动变循环发动机关键技术群的创新与突破，才能早日实现先进航空发动机的跨越式发展。

参考文献

[1] 何谦, 王巍巍. 俄罗斯第五代军用航空发动机的演进[J]. 航空动力, 2018(1): 19-22.

[2] Rolls-Royce. The jet engine[M]. Birmingham, England: Renault Printing Co Ltd, 1986.

[3] 丁水汀, 宋越, 杜发荣, 等. 航空重油活塞发动机发展趋势及关键技术分析[J]. 航空动力学报, 2021, 36(6): 1121-1136.

[4] 薛然然, 李凤超. 微型涡轮喷气发动机发展综述[J]. 航空工程进展, 2016, 7(4): 387-396.

[5] 廉筱纯, 吴虎. 航空发动机原理[M]. 西安: 西北工业大学出版社, 2005.

[6] 李斌, 赵成伟. 变循环与自适应循环发动机技术发展[J]. 航空制造技术, 2014, 464(20): 76-79.

[7] 冯子轩, 毛建兴, 胡殿印. 变循环调节机构发展现状及关键技术[J]. 航空发动机, 2023, 49(1): 18-26.

[8] 刘红霞. GE公司变循环发动机的发展[J]. 航空发动机, 2015, 41(2): 93-98.

[9]   陈敏, 张纪元, 唐海龙, 等. 自适应循环发动机总体设计技术探讨[J].
       航空动力学报, 2022, 37(10): 2046-2058.

[10]   方昌德. 变循环发动机[J]. 燃气涡轮试验与研究, 2004(3): 1-5.

[11]   陈敏, 张纪元, 唐海龙, 等. 自适应循环发动机总体设计技术探讨[J].
       航空动力学报, 2022, 37(10): 2046-2058.

邱天，北京航空航天大学航空发动机研究院副研究员，北京航空航天大学未来航空发动机协同设计中心副主任，教育部先进航空发动机协同创新中心、教育部超循环气动热力前沿科学中心核心骨干，国家重点型号支撑团队及某型发动机联合设计团队现场技术牵头人，中国航发四川燃气涡轮研究院首位"柔性引智"专家，入选军委科技委"××科技领域青年人才托举工程"。从事发动机系统科学研究。